·过鱼设施丛书·

鱼类洄游行为研究方法与环境偏好

石小涛　谭均军 等　著

科 学 出 版 社

北　京

内 容 简 介

水电开发不可避免地对鱼类产生影响，修建过鱼设施是一项重要的工程补偿措施，但是目前大部分过鱼设施的过鱼效果不佳。根据以往的科研成果及工作经验，鱼类对水流、声音、光、电及气泡幕等环境因子反应较为敏感，如何合理利用上述环境因子提高鱼道的集诱鱼效果，是近年来过鱼设施相关研究的热点。本书的第 1 章介绍水电开发对鱼类的影响和过鱼设施的建设及发展，然后概述鱼类的游泳行为及相关的诱驱鱼技术。第 2 章详细阐述鱼类的行为及影响其行为的环境因子。第 3～7 章，分别介绍水流、声音、光、电和气泡幕诱驱鱼技术及其在实际工程中的应用案例。本书内容可为我国鱼类过坝领域研究提供参考，对提升流域水电开发的可持续性及保护流域生态有重要意义。

本书内容全面、语言浅显易懂，适合从事生态环境、水利工程的工作者阅读和参考。

图书在版编目（CIP）数据

鱼类洄游行为研究方法与环境偏好/石小涛等著. —北京：科学出版社，2024.6

（过鱼设施丛书）

ISBN 978-7-03-078479-7

Ⅰ.①鱼…　Ⅱ.①石…　Ⅲ.①洄游性鱼类-研究　Ⅳ.①S931.1

中国国家版本馆 CIP 数据核字（2024）第 088803 号

责任编辑：闫　陶　汪宇思/责任校对：高　嵘

责任印制：彭　超/封面设计：无极书装

科学出版社 出版

北京东黄城根北街 16 号

邮政编码：100717

http://www.sciencep.com

武汉市首壹印务有限公司印刷

科学出版社发行　各地新华书店经销

*

开本：787×1092　1/16

2024 年 6 月第　一　版　　印张：10

2024 年 6 月第一次印刷　　字数：234 000

定价：98.00 元

（如有印装质量问题，我社负责调换）

“过鱼设施丛书”编委会

“过鱼设施丛书”序

拦河大坝的修建是人类文明高速发展的动力之一。但是，拦河大坝对鱼类等水生生物洄游通道的阻断，以及由此带来的生物多样性丧失和其他次生水生态问题，又长期困扰着人类社会。300 多年前，国际上就将过鱼设施作为减缓拦河大坝阻断鱼类洄游通道影响的措施之一。经过 200 多年的实践，到 20 世纪 90 年代中期，过鱼效果取得了质的突破，过鱼对象也从主要关注的鲑鳟鱼类，扩大到非鲑鳟鱼类。其后，美国所有河流、欧洲莱茵河和澳大利亚墨累-达令河流域，都从单一工程的过鱼设施建设扩展到全流域水生生物洄游通道恢复计划的制订。其中：美国在构建全美河流鱼类洄游通道恢复决策支持系统的基础上，正在实施国家鱼道项目；莱茵河流域在完成“鲑鱼 2000”计划、实现鲑鱼在莱茵河上游原产卵地重现后，正在筹划下一步工作；澳大利亚基于所有鱼类都需要洄游这一理念，实施“土著鱼类战略”，完成对从南冰洋的默里河河口沿干流到上游休姆大坝之间所有拦河坝的过鱼设施有效覆盖。

我国的过鱼设施建设可以追溯到 1958 年，在富春江七里垄水电站开发规划时首次提及鱼道。1960 年在兴凯湖建成我国首座现代意义的过鱼设施——新开流鱼道。至 20 世纪 70 年代末，逐步建成了 40 余座低水头工程过鱼设施，均采用鱼道形式。不过，在 1980 年建成湘江一级支流洣水的洋塘鱼道后，因为在葛洲坝水利枢纽是否要为中华鲟等修建鱼道的问题上，最终因技术有效性不能确认而放弃，我国相关研究进入长达 20 多年的静默期。进入 21 世纪，我国的过鱼设施建设重新启动并快速发展，目前已建和在建的过鱼设施超过 200 座，产生了许多国际“第一”，如雅鲁藏布江中游的藏木鱼道就拥有海拔最高和水头差最大的双“第一”。与此同时，鱼类游泳能力及生态水力学、鱼道内水流构建、高坝集诱鱼系统与辅助鱼类过坝技术、不同类型过鱼设施的过鱼效果监测技术等相关研究均受到研究人员的广泛关注，取得丰富的成果。

2021 年 10 月，中国大坝工程学会过鱼设施专业委员会正式成立，标志我国在拦河工程的过鱼设施的研究和建设进入了一个新纪元。本人有幸被推选为专委会的首任主任委员。在科学出版社的支持下，本丛书应运而生，并得到了钮新强院士为首的各位专家的积极响应。“过鱼设施丛书”内容全面涵盖“过鱼设施的发展与作用”、“鱼类游泳能力与相关水力学实验”、“鱼类生态习性与过鱼设施内流场营造”、“过鱼设施设计优化与建设”、“过鱼设施选型与过鱼效果评估”和“过鱼设施运行与维护”六大板块，各分册均由我国活跃在过鱼设施研究和建设领域第一线的专家们撰写。在此，请允许本人对各位专家的辛勤劳动和无私奉献表示最诚挚的谢意。

本丛书全面涵盖与过鱼设施相关的基础理论、目标对象、工程设计、监测评估和运行管理等方面内容，是国内外有关过鱼设施研究和建设等方面进展的系统展示。可以预见，其出版将对进一步促进我国过鱼设施的研究和建设，发挥其在水生生物多样性保护、河流生态可持续性维持等方面的作用，具有重要意义！

常剑波

2023 年 6 月于珞珈山

前　言

作为水资源丰富，但洪涝灾害频发的国家，加快具有水资源调配、防洪、发电、航运等综合效益的水利工程建设，是国民经济发展的需求。水利工程在发挥巨大综合效益的同时，阻断了河流的连续性，使河流生态系统在能量流动、物质循环及信息传递等自然特性上发生如库区水位升高、流速减缓等一系列改变。受水库调节、下游河道洪水涨落等因素影响，局部水域水流结构发生明显改变，直接或间接影响着河流中水生生物的栖息地和生活习性。

鱼类是河流生态系统中极易受到环境胁迫的群落。大坝建设和水库的形成阻断了鱼类的洄游通道，河流生态系统被大坝分隔成不连续的环境单元，这对需要进行大范围迁移完成生活史的鱼类产生了巨大影响。

过鱼设施作为一种生态补偿工程措施，是“工程与自然和谐共存”理念在现代水利工程中的具体体现，也是国际《生物多样性公约》（Convention on Biological Diversity）肯定和着力推荐的水域生态系统生物多样性保护措施，并被我国列入《国家中长期科学和技术发展规划纲要（2006—2020）》。尽管如此，基于传统水力学设计的过鱼设施往往与洄游性鱼类自身需求并不协调，进而导致鱼道过鱼效果不佳。因此，开展过鱼设施鱼类行为学基础研究尤为关键。

鱼的游泳运动可分为有氧游泳运动和无氧游泳运动，这两种状态分别对应着持续游泳状态和爆发（短暂）游泳状态。相应的，将鱼类的游泳运动速度分为持续游泳速度和突进游泳速度。持续游泳速度是指鱼类在正常状态下的游泳速度，又称为正常游泳速度。鱼类的持续游泳速度时间大于 200 min，允许鱼类低速前进，但会产生大量乳酸令鱼类无力洄游。临界游泳速度为持续游泳能力的一亚类，为鱼类在某特定时期（如通过竖缝口、孔口等障碍物）内所保持的较高速度。突进游泳速度是指鱼在运动过程中所产生短暂性（一般小于 20 s）的最大速度。鱼的游泳运动与过鱼设施的设计、运行等密切相关，直接影响着过鱼设施的过鱼效果。

鱼类行为受许多因素的影响，如感觉能力（视觉、听觉、嗅觉、触觉和侧线感知）、环境因素（如温度、水质成分、溶解氧含量、海流、噪声、磁场等）。影响鱼类游泳能力与行为的因素多为非生物因素，其中流场是关键因素，具体包括流速、水流方向、涡和紊动能等，流速是影响鱼类游泳行为的重要水力参数，在一定流速范围内，随着流速的增加，鱼类的摆尾频率与幅度都相应增加，鱼克服流速障碍所消耗的能量随着流速的增大而增大。鱼在过鱼设施内部的游泳运动选择往往是对多个水力因子（紊动能、紊动强度、雷诺应力、耗散率和涡）耦合作用的行为反馈。此外，其他新型的辅助诱驱鱼措施如声音、光照、电信号、气泡幕等也会影响鱼类行为。为此，本书主要介绍上述因子对鱼类运动行为的影响，并结合实际应用深入地进行效果分析。

本书主要由石小涛、谭均军负责撰写，刘国勇、林晨宇、陈小龙、白艳勤、王渊洋、张金玉、向露露、李嘉欣、王德辰、黄晓龙、谭红林等也参与了本书的部分编写工作。此外，涂志英、尹入成等也为本书提供了宝贵的意见和建议，在此一并表示衷心的感谢！

为向广大科研工作者展示过鱼设施鱼类行为学基础与应用，我们力求内容充实完整，通俗易懂，希望这本书能以最好的方式呈现在读者面前。

作　者

2023 年 5 月

目　录

第1章 绪 论

1.1 引 言

水利工程在防洪、发电、灌溉、通航等方面发挥着巨大的作用。然而，水利工程的修建阻断了河流生态系统，改变了河流水文及水动力特性，对鱼类，特别是洄游性鱼类的影响尤为重大，表现在涉水工程（大坝、水闸等）阻断鱼类的洄游通道，阻碍鱼类洄游行为的进行，造成鱼类资源的严重下降等方面。基于此，本章重点总结水电开发对鱼类行为的影响，过鱼设施建设、鱼类游泳行为及诱驱鱼技术的研究进展，以期为过鱼设施的优化及鱼道水力条件设计提供更加准确的基础指标。

1.2 鱼类行为及过鱼设施概述

1.2.1 水电开发对鱼类行为的影响

水利工程的修建不仅在防洪和水力发电领域起到了重要作用，在工业供水、提供居民饮用水及农田灌溉等方面也发挥着巨大的优势。根据国际大坝委员会（International Commission on Large Dams，ICOLD）统计，截至 2020 年 4 月，全球共有大坝（指坝高 15 m 以上，或坝高在 5～15 m，且库容在 300 万 m^3 以上的水坝）数量为 58 713 座，其中我国大坝数量占全球总量的 40%以上（黄强 等，2021）。水力发电在全球的电力供应中扮演了重要的角色，据统计，在全球三分之一的国家中，超过一半的电力供应都依赖水力发电。

水利工程作为我国基础设施建设的重要领域，一直以来都发挥着巨大作用。然而在河流上建设大坝、水闸等建筑物，阻碍了洄游性鱼类正常的产卵、索饵、越冬等生命活动，对洄游性鱼类的生存环境造成了影响。长江北岸的支流菜子湖，在闸坝建设前生活着 13 种洄游性鱼类，但闸坝建成后湖内原本栖息的这些鱼类基本消失（陈振武，2021）。又如葛洲坝建成后，金沙江至宜昌江段仅剩葛洲坝坝下唯一一处中华鲟（*Acipenser sinensis*）产卵场，中华鲟的洄游通道被阻断，种群数量锐减（杜浩 等，2015）。除此之外，许多漂流性鱼卵[如圆口铜鱼（*Coreius guichenoti*）的卵，一般需要漂流 700 km]，来不及孵化便在河流上修建的闸坝前沉降，使得洄游性鱼类的种群数量持续减少。

水电开发在助力国民社会经济发展的同时，也对河流自然生态环境（特别是水生动植物的物种组成，栖息地生境等）产生了一定的影响，主要包括以下几个方面。

（1）影响河流水文及水动力特性。大坝阻断了自然河流的运行，进而影响河道内的水流流态和流量，日积月累的作用会改变河流的地形地貌，对水生环境产生一定影响（Karr，1991）。

（2）影响水体物理及化学特性。水库在进行蓄水时，水库内的水体酸度会增加，营养盐会累积，这会对鱼类的生长繁殖造成影响，甚至出现水体富营养化。泄流时，从大坝流下的水的温度与浊度和大坝下游河段的不一致，可能会造成局部水体的气体溶解性增加，影响水体的水质（Naiman and Turner，2000；Vorosmarty et al.，1997）。

（3）影响河流生态系统结构及功能。大坝修建后，库区内的水体流速减慢，透明度增加，经过一段时间的演化，水生态环境会达到新的平衡。对于水中的鱼类来说，大坝阻断了其洄游路径，破坏了鱼类栖息地的生境，隔绝了鱼类之间的种群交流。

（4）影响区域生态系统。在修建大坝之前，河流水位较低，因此存在较多的洪泛区。而大坝建成后，洪泛区的面积减少，且自然河流中的水流运行情况和生态调度后的有较大的差异。这不仅会影响河流的生物多样性水平及生态系统的功能，还会影响区域生态系统的结构及功能（Pringle et al.，2000；Mander et al.，1997；Scott，1996；Wootton et al.，1996）。

鱼类是河流生态系统中的重要组成部分，水电开发对鱼类的影响主要表现在以下几方面。

（1）鱼类的洄游。鱼类的生活史历经不同的阶段，有不同的需求，其中洄游是鱼类重要的生活习性。影响鱼类洄游既有外在的环境因素，又有内部的生理需要。洄游是鱼类对其生境的长期适应而形成的一种独有的特性，可以帮助鱼类在不同的生命时期找到适宜的生存环境，有利于后代的繁衍。一般而言，鱼类洄游具有周期性、定向性及集群性等特点，洄游距离从数米到数千千米不等（赵方旭，2016）。按照洄游方向的不同，洄游可以分为溯河洄游、降河洄游、河道洄游和江湖间洄游四种。我国长江水系的“四大家鱼”就是典型的江湖间洄游性鱼类。大坝的阻断对河道洄游性鱼类和江湖间洄游性鱼类的影响较小，对溯河洄游性鱼类影响大。如加拿大弗雷泽河（Fraser River）上的鬼门峡（Hell’s Gate）大坝建成后，红大麻哈鱼（*Oncorhynchus nerka*）的数量快速减少（Talbot and Jackson，1950）。我国长江上的洄游性鱼类中华鲟，由于葛洲坝的修建，其自然繁殖活动区域被压缩于 7 km 江段内，产卵场面积大幅度减小，栖息地的质量也逐步下降（常剑波，1999）。

（2）种群结构。大坝不仅阻断了鱼类的洄游通道，还会造成鱼类生境碎片化，进而改变鱼类的种群结构，甚至导致种群的遗传多样性丧失。建坝后库区水位上升，水体的流速降低甚至变为 0，使得适应缓流或静水生活的鱼类取代原有鱼类，鱼类组成和结构发生变化（邹淑珍 等，2010）。丹江口水库建成后，铜鱼（*Coreius heterodon*）、鲂（*Megalobrama skolkovii*）等种群数量不断增加，鱼类种群结构变化，该水域的鱼类丰度上升。相关研究表明，大坝会分割鱼类种群，由于基因无法交流，分割后的小群体会产生遗传分化现象（Neraas and Spruell，2001）。综上所述，大坝可能会导致种群维持遗传多样性的能力降低，进而影响物种的存活与进化潜力。

（3）水文环境。大坝建成后，库区内的水位抬升，流速降低，河流上游的污染物在水库内沉积，这种水体营养成分高，极易导致水体富营养化进而滋生藻类。藻类会大量消耗水体中的溶解氧，从而造成水生生物缺氧死亡。这种缺氧导致鱼类死亡的现象在北美东北部的圣约翰河（Saint John River）经常发生（Ruggles and Watt，1975）。库区水位抬升的另一个影响是导致水体出现温度分层。水温的变化，对鱼类的生长繁殖及种群结构和分布等有巨大影响，如延迟鱼类产卵的时间、缩短生长发育周期、导致部分鱼个体变小等。有研究表明，汉江修建崔家营、兴隆等大坝后，冬季草鱼幼鱼体长从 345 mm 缩短至 297 mm，而体重由建坝前的 780 g 下降至建坝后的 475 g。此外，大坝在下泄洪水时，高速水流与空气中的气体混合后一起释放到坝下，会造成坝下水体出现气体过饱和现象，这将导致鱼类“气泡病”的产生，严重时会造成鱼类死亡。

（4）栖息地生境。大坝建成后，适合鱼类生存的空间被极大压缩，进而导致洄游性鱼类适宜的生境碎片化。长江上的闸坝建成后，江湖之间的连通性受到破坏，鱼类适宜生存的有效湖泊面积大幅度减少，已不足闸坝建成之前的三分之一，长江的生物多样性承载力显著降低。研究表明生境碎片化程度越高，处于食物链顶端的鱼类的死亡速度越快（易雨君，2008）。

鱼类是河流生态系统中处于食物链顶端的重要物种，其摄食对象包括水生微生物、浮游动植物及其他水生动植物，鱼类的捕食效应会对水体物理化学性质及河流生态系统群落产生影响。所以，保护鱼类资源对于维持河流生态系统物种多样性具有重大的意义。目前学术界普遍认为，鱼类通过洄游能够保证种群得到有利的生存和繁殖条件（刘艳佳 等，2020），并使得种群维持较大的数量。对鱼类洄游行为规律的研究，不仅能用于探测渔业资源及其群体组成的变化情况，还能帮助渔场制定科学的养殖方案，进而提高渔业生产的质量。此外，研究鱼类洄游行为规律也可为鱼道等过鱼设施的优化及鱼道水力条件设计提供更加准确的基础指标，对于水生态环境保护有着重大的意义。

1.2.2 过鱼设施建设及发展

1. 过鱼设施概况

水利工程的建设推动了国家的经济发展，其意义是毋庸置疑的。但水利工程的建设也阻断了江河、湖泊中一些洄游性鱼类的自由迁徙，破坏了河流生态系统的连通性，降低了生态环境的自我修复能力，给当地的生态系统带来了一定的影响。大坝和拦河建筑物的修建阻碍了季节性洄游性鱼类到适宜水域进行产卵，破坏了鱼类生存与繁殖的生态环境，而且鱼类在下行过程中经过水轮机、溢洪道等泄水建筑物时，容易受伤，甚至死亡。为避免鱼类因误入水轮机尾水管而受伤、死亡，降低鱼类资源的损失，国内外的学者提出应该在大坝等挡水建筑物旁修建相应的过鱼设施（陈凯麒 等，2012；Katopodis，2005）。过鱼设施是帮助鱼类通过大坝等障碍物的人工设施，主要包括鱼道、鱼闸、升鱼机、集运鱼系统等，各种过鱼设施见图 1.1。

（a）马马崖集运鱼船　（b）松新鱼道

（c）安谷竖缝式鱼道　（d）青海湖永丰渠阶梯式鱼道

图 1.1　各种主要过鱼设施

我国过鱼设施（主要为鱼道）的发展主要经历两个时期（曹娜 等，2016）：20 世纪 80 年代之前是初步发展阶段，该阶段共建设 40 余座鱼道，如富春江七里垅鱼道（1958 年）、裕溪闸鱼道（1972 年）、洋塘鱼道（1979 年）等；21 世纪以来，国外过鱼设施快速发展，此时由于国内鱼类资源快速减少，我国过鱼设施建设再次被重视起来，进入了二次发展阶段。在二次发展阶段，不但修建了一批新的鱼道，还研究了升鱼机、集运鱼系统等其他过鱼设施。截至 2023 年底，我国已建或规划建设过鱼设施数量超 200 座，目前国内的鱼闸、集运鱼系统、升鱼机建设已有不少相关成果。

2. 鱼道

鱼道是为连通鱼类洄游通道而建设的一种过鱼设施（杨红玉 等，2021），其主要作用是帮助鱼类过坝，其次是作为水流下行的旁路设施，连通河流。鱼道类型多样，可分为工程鱼道与仿自然式鱼道，而工程鱼道分为池式鱼道与槽式鱼道两类：池式鱼道包括竖缝式鱼道、堰流式鱼道、淹没孔口式鱼道、涵洞式鱼道与组合式鱼道等；槽式鱼道包括简单槽式鱼道、丹尼尔式鱼道等（边永欢，2015）。鱼道布置形式及结构特点如下。

1）竖缝式鱼道

在水槽上设置一系列垂直底板的隔板，进而将水槽分隔成许多池室，水流通过隔板形成的竖缝流入下一个池室，竖缝和池室的存在可以消除水流的能量，降低水的流速。

竖缝式鱼道适合不同水层活动的鱼类进行溯河洄游。

2）堰流式鱼道

在水槽内每隔一定距离布置一块溢流堰式隔板，堰顶的形式一般为倾斜矩形框式或三角堰式，水流则以堰流的形式流向下一个水池，这种鱼道是通过水垫作用来消能。堰流式鱼道对游泳能力和跳跃能力强的鱼比较友好（Santos et al.，2014）。

3）淹没孔口式鱼道

水槽内设置开孔的隔板，将其分隔成一系列的水池，其孔口淹没在水的中、下层，孔口扩散与隔板阻挡可以实现消能作用。孔口的位置决定了此种鱼道适合生活在中、下层具有强洄游能力的鱼类。

4）涵洞式鱼道

在涵洞内布置不同形式的隔板，将其分隔成一系列池室，这种鱼道可以通过隔板的阻挡、水流对冲或水垫作用进行消能。涵洞式鱼道可以适用不同水层生活的鱼类上溯（许晓蓉 等，2012；Morrison et al.，2009；Ead et al.，2002）。

5）组合式鱼道

竖缝式、堰流式、淹没孔口式与涵洞式鱼道相组合的鱼道形式，可依据目标鱼类的习性设计成对应的形式。组合式鱼道有良好的水流条件，过鱼效率较高（董志勇 等，2021）。

6）简单槽式鱼道

这是一种具有小坡度底板的水槽，水槽内流速较小，适合小水头的闸坝。

7）丹尼尔式鱼道

比利时科学家丹尼尔设计出的一种鱼道形式，水槽边壁与底板上设置阻板与底坎。水体在流动过程中，受阻板与底坎的阻挡而消除水能降低流速。

8）仿自然式鱼道

在宽浅明渠内布置天然漂石，形成阶梯式或竖缝式的水池，使水流接近天然河流的流态，具有较高的过鱼效率（王猛 等，2014；Gustafsson et al.，2013；方真珠 等，2012；孙双科和张国强，2012）。鱼道也为爬行类水生生物提供了自由游动通道，使其可在仿自然式鱼道中依靠卵石与树枝等上溯与下行（陈国亮和李爱英，2013；谭细畅 等，2013；公培顺和李艳双，2011）。

3. 中高水头水利枢纽上行过鱼设施

鱼道运行时受上游水位和流量的影响，流速、流态都不稳定且鱼上溯过程中需要消耗很大能量，过鱼效果难以保证。因此，鱼道一般只适用于低水头水利枢纽，中高水头水利枢纽的上行过鱼设施主要有鱼闸及船闸过鱼、升鱼机和集运鱼系统等。

1）鱼闸及船闸过鱼

鱼闸是一种类似船闸的过鱼设施。其过鱼原理是通过闸室内水位的上升来提升鱼类进而越过大坝。凭借水位上升，鱼类在鱼闸中可不必过度消耗体力过坝（Travade and Larinier，2002）。船闸是帮助船上行和下行的水工建筑物，通过开合闸门、改变闸室内的水位来实现船只过坝。船闸的运行过程使得鱼类有可能借助其实现过坝，此时船闸具有鱼闸的作用。我国学者和相关单位初步研究了船闸的过鱼能力，钮新强等（2015）通过在船闸内安装鱼探仪和摄像机观测到葛洲坝一号船闸内鱼类上行和下行，初步评估了船闸过鱼能力，中国长江三峡集团有限公司评估了该船闸的过鱼效果。在检修葛洲坝船闸时，多次发现大量滞留的鱼类，这种情况在三峡大坝的船闸中也曾发现过。相关研究表明，船闸有实现鱼类双向通行的潜力（Cooke and Cowx，2004；Moser et al.，2002）。美国南卡罗来纳州（State of South Carolina）派诺波利斯坝（Pinopolis Dam）和我国葛洲坝船闸的下游是鱼类聚集最多的地方（颜文斗，2004；Duncan et al.，2004）。我国西津水电站、法国罗讷河（Rhône）的博凯尔（Beaucaire）船闸都发现有鱼类通过；澳大利亚东南部墨累河（Murray River）上，通过改变尤斯顿坝（Euston Dam）船闸的流速，鱼类过坝效率显著提高；在美国北卡罗来纳州（State of North Carolina）的开普菲尔河（Cape Fear River）美洲鲥（*Alosa sapidissima*）船闸，过坝比例为18%～61%（Weinstein，1979）。

使用鱼闸及船闸过鱼具有能耗小、伤害低、空间大、适合不同鱼类双向通行过坝等优势。但是当前鱼闸及船闸的运行方式，对鱼类吸引力较弱，过鱼数量较少，生态的补偿作用不高。此外，其间断性过鱼的模式也是一个问题。尽管如此，与鱼道等过鱼设施相比较，鱼闸及船闸过鱼有着显著的优点，即流速调节方便，通过闸门和相关结构即可实现流速的改变。因此，学者认为鱼闸及船闸作为一种辅助过鱼设施具有较大的应用潜力。

2）升鱼机

升鱼机是利用机械升鱼和转运设施过坝，适用于高坝和库水位变幅较大的枢纽过鱼，也可用于较长距离转运鱼类。升鱼机可以理解为升降机式鱼道，其工作原理类似于升船机，主要通过诱鱼设施将鱼类诱进金属网笼或水槽式的集鱼箱，再通过垂直升降或倾斜升降的方法实现集鱼箱的翻坝，从而实现鱼类上行或下行的目的（图1.2）。

升鱼机起源于美国和加拿大，因这些发达国家的水利工程及过鱼设施的建设起步较早，水能开发已基本结束，故近年来关于升鱼机新建工程的报道较少。

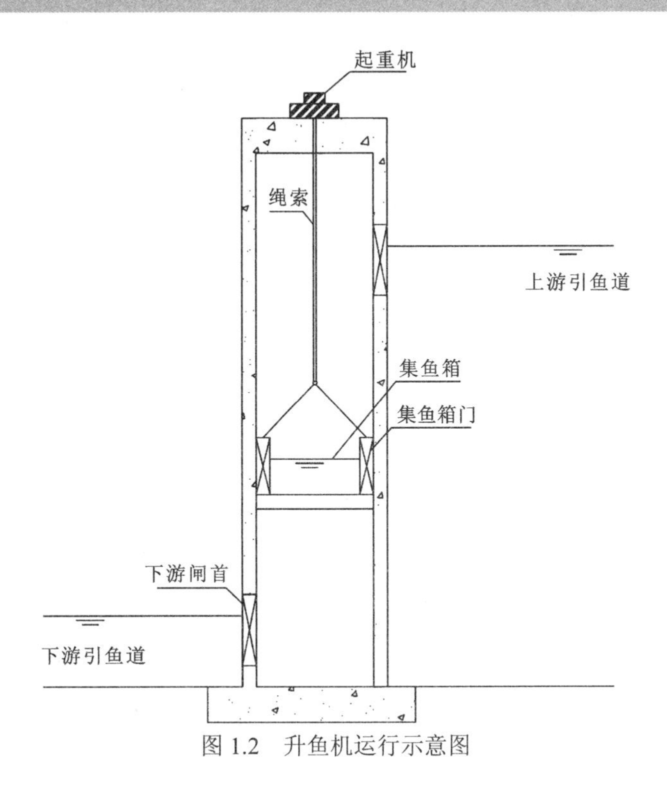

图 1.2 升鱼机运行示意图

升鱼机在国内外发展程度不一，鱼类保护的效果也不同。在国外，升鱼机作为一种过鱼设施已有成功的经验，并发挥了一定的鱼类保护作用，如美国的格林维尔（Greeneville）坝升鱼机在 1999 年过鱼数量达到最高峰，全年共过鱼 17 787 尾，其中 4～6 月通过的重点保护鱼类 2 540 尾；葡萄牙的图维多（Touvedo）坝升鱼机 1998 年期间共完成 7 种鱼、1 194 尾个体的过坝工作（Kieffer et al.，2009）。各种升鱼机多见于高坝过鱼，但升鱼机在低坝过鱼过程中配合运鱼车也能起到鱼类过坝的保护效果，如哈德利福尔斯（Hadley Falls）升鱼机在美国康涅狄格河（Connecticut River）的鱼类保护中发挥了重要作用，2010 年仅美洲鲥就通过了 16.44 万尾；国外在高坝过鱼应用中特别注意鱼体在升鱼机中的停留时间，以防应激造成鱼体损伤。

升鱼机在我国水电开发过程的鱼类保护中可发挥重要作用。目前，我国关于升鱼机设计的报道有北盘江流域的马马崖一级水利枢纽，其最大升鱼高度为 77.05 m。马马崖一级水利枢纽的兴建阻断了 48 种鱼类的洄游，其中包括《中国濒危动物红皮书·鱼类》中提及的易危鱼类叶结鱼（*Tor zonatus*）、乌原鲤（*Procypris merus*）和长臀鮠（*Cranoglanis bouderius*）等。该工程的升鱼机集鱼箱运输设计方案为 2 级垂直机械提升与水平轨道运输相结合的方式，主体结构由进口（下游）拦鱼、导鱼电栅、集鱼及补水系统、集鱼箱、轨道、控制管理站和出口（上游）拦鱼设施等组成；其集鱼及补水系统布置在靠近左岸的水电站尾水管出口上部，集鱼池的上游一侧布置有集鱼箱，集鱼箱后设单独补水孔，以水流方式吸引鱼类。集鱼箱被吊至上游库区后，起吊设备将集鱼箱放至水中，集鱼箱底部受到水的压力后开启，放出鱼后，空集鱼箱再通过原路线返回，完成整个升鱼过程。但该方案仅是马马崖一级水利枢纽的过鱼设计方案之一，最后结合该工程的坝址上下游江段为典型狭谷、河道深切特点，其枢纽布置推荐选用了集运鱼系统过鱼方案（赵谊 等，2011）。总之，升鱼机尚未在我国的水电可持续发展过程中发挥鱼类保护作用，进一步发展的空间巨大。

3）集运鱼系统

集运鱼系统，即“浮式鱼道”，可移动位置适应下游流态变化，移至鱼类高度集中的地方诱鱼、集鱼（李海涛，2011）。在具体运行过程中，有时需配合运鱼车的使用。集运鱼系统通常由集鱼船和运鱼船经挂钩前后挂接而成，有时也可通过水下旁路系统连接。二者均为平底船，设有专门的集鱼舱道与补水机组。工作时，集鱼船在适当地点抛锚固定，启开舱道两头闸门，放下接鱼栅，让水流从舱道中流过，并利用补水机组使水流速度增加，促使鱼类游入集鱼舱道。一段时间后，进行计数，选鱼，然后提起运鱼舱道网格闸门，把集鱼船所集之鱼驱入运鱼船。两船脱钩后，运鱼船通过船闸过坝于上游水域卸鱼（王永新，1989）。如美国邦纳维尔（Bonneville）大坝的集运鱼船将鱼收集上来后，直接采用运鱼船的方式协助鱼类过坝。美国贝克大坝（Baker Dam）中的便携式浮动收集器中的集运鱼系统采用的是运鱼车方式，具体工作原理是它用升鱼机将收集到的鱼升到系泊塔，然后将鱼释放到待运输的罐装车中，再将鱼运达大坝下游。

通常 1 艘集鱼船需配备 2～3 艘运鱼船，交替挂接，连续工作。集运鱼船可在鱼群集中的地方，通过改变流速来吸引不同的鱼类，其他诱鱼设备如发光二极管（light-emitting diode，LED）水下诱鱼灯、声控诱鱼装置等，也可作为辅助诱鱼措施灵活运用。近年来，美国在集运鱼船的基础上对集鱼设施进行了改进，多种技术被综合运用集成了集运鱼系统。如科切拉斯（Keechelus）大坝仿照上贝克坝（Upper Baker Dam）建造了帮助幼鱼洄游下行过坝的集运鱼系统。该系统主要由屏障网（引导鱼）、带泵的诱鱼船、水下旁路管道和收集船 4 部分组成。集运鱼系统由于综合了多种集鱼技术和运鱼技术，具备众多优点，具有广泛的应用前景。

集运鱼船上行过坝，可帮助生殖洄游性鱼类上溯产卵，下行过坝可保护幼鱼（Williams，2008），避免其受到涡轮机、泄洪道等的损伤。目前集运鱼船在世界上的应用不多。

4. 鱼类下行过鱼设施

1）水表面集鱼技术

水表面集鱼的思路是提供诱导幼鱼下行的水流，利用它们下行行为习性进行引导。最常见的是利用水轮机进水口提供的吸引流，引导鱼群进入坝前的集鱼廊道，然后通过旁侧通道安全过坝（Chandler and Chapman，2001）。在其进水口同时安装有屏障，以阻止表面水层的鱼群进入水轮机，如下格拉尼特（Lower Granite）水电站就采用了这种集鱼技术。目前最新的水表面集鱼技术是利用洄游鱼群在表面水层活动和趋向水流的特性，生成具有较小压力的表面流场的鱼类过坝通道新技术。例如，哥伦比亚斯内克河（Snake River）流域的5个水电站主要安装了两种表面旁侧通道结构，分别是可移动溢流堰和临时溢流堰（Chandler and Chapman，2001）。哥伦比亚河上的达尔斯（the Dalles）水电站的幼鱼水表面收集设施仅损耗3.7%的发电水量将厂房附近50%以上的幼年鲑鱼吸引到闸沟。类似的过鱼技术也被邦纳维尔电站采用，该电站只用大约5%的发电水量，诱导90%的幼鱼通过了溢流道过坝。孙小利等（2009）指出邦纳维尔电站采用的下行过鱼技术是顺从而不是对抗幼鱼的自然行为，所以水表面集鱼技术是一种非常有前景的下行过鱼选择方案。

2）全水深集鱼技术

全水深集鱼技术多采用物理导鱼栅。该设施主要利用水流遇到挡板倾斜拦鱼栅后产生次生流，对鱼类行为产生干扰，进而使得鱼类与挡板倾斜拦鱼栅之间保持一定距离。在水流的作用下，鱼类个体逐渐向水流下游的收集器聚拢，最终由收集器实现对鱼的收集。在大水体中，物理屏障被用于在坝前全水深拦鱼导鱼来实现大水体的鱼类收集。如应用在美国贝克大坝中的便携式浮动收集器，整个装置长39.6 m，宽18.3 m，高7.62 m，坝前导网从水底一直延伸到水面，并延伸至库区的两岸，形成一个封闭的水下屏障，仅留收集进口以引导鲑鱼幼鱼进入收集设施。该收集设施配备有大型水泵组（设计流量14 m^3/s，后期根据需要可增大至28 m^3/s），用于在收集进口处提供良好的吸引水流以吸引鱼群。

3）过鱼旁路

目前很多大坝设有幼鱼的过鱼旁路。旁路一般位于大坝侧边，是引导鱼类进入下游的重要通道。旁路可以结合坝上游的集鱼、导鱼设施和坝下游的运输船或车来实现鱼类下行的目的。在哥伦比亚斯内克河下游的8座大坝中，有7座设有幼鱼旁路系统，约60%～70%的春季、夏季大鳞大麻哈鱼（*Oncorhynchus tshawytscha*）经幼鱼旁路水道系统通过大坝（周世春，2005）。如下格拉尼特水电站为了减小幼鱼下行过坝时通过水轮机的概率，在水轮机进水口斜上方安装拦鱼栅，以阻止位于表面水层内的鱼群进入水轮机，引导鱼群进入坝前的集鱼廊道并通过旁侧通道安全过坝。

4）生态友好型水轮机

传统的水轮机在设计时往往仅考虑发电的需求，而很少考虑水轮机对鱼类的影响。当前，对生态友好型水轮机的研究和应用越来越多，该类型水轮机既可以提供对鱼类有利的水轮机流道环境又可改善河道水质。美国能源部（United States Department of Energy）与美国水电行业合作，制定了高级水轮机系统计划，其目标为开发运行效率较高、对环境影响小的生态友好型水轮机（刘洪波，2009）。生态友好型水轮机是20世纪90年代出现的概念，其设计基于鱼类通过水轮机流道可能受伤害的机理，通过改进水轮机流道尺寸、水轮机部件的形状及水轮机运行参数来降低鱼类通过水轮机受到伤害的概率（Larinier and Travade，2002）。加拿大学者设计了具有“最低叶片数”等特征的新型水轮机。目前研究这种水轮机的主要方法包括实验生物检验法（即测量通过水轮机的鱼类预期响应）、计算流体动力学模拟（即扩展生物检验法，模拟无法用实验监测的情形）、试验测试（即评估新设计的水轮机模型）（Cada et al.，2007；Dunning et al.，1992）。基于水轮机的水能高效利用需求，生态友好型水轮机具有广阔的应用前景。

1.3 国内外研究进展

鱼类洄游是指某些鱼类主动、集群、定期和定向的移动过程，是长期以来鱼类对外界环境条件变化的适应结果（王美垚 等，2020）。洄游性鱼类若不能顺利完成洄游行为，其种群生存就会受到严重威胁。大坝有利于防洪防汛，能提供清洁能源，并带来巨大的经济效益，但是大坝的建设改变了大坝下游水文情势，继而干扰了鱼类正常的洄游时间，破坏了河流连通性，从而阻碍了洄游性鱼类必需的洄游行为，产生了一些生态问题，修建高效运作的鱼道有利于缓解此问题。

鱼道是一种帮助鱼类或其他水生动物通过闸坝等水工建筑物的人工通道，可以使得河流上下游得以连通，水质得以交换，对恢复河流原有生态系统有着深远的意义（Tan et al.，2022）。评价一个鱼道是否有用，最主要的就是看它的过鱼效果如何。除了可以改变鱼道本身的内部结构形式，还可以通过改变其他环境因子或物理结构来引诱更多的鱼类寻得鱼道进口并顺利通过。辅助诱驱鱼措施就是在各种过鱼设施附近或者内部，采取一定的方式将目标鱼引诱或驱赶至目标区域，以提高过鱼设施的过鱼效率。常见的诱驱鱼方式有水流诱鱼、声音诱驱鱼、光诱驱鱼、电驱鱼及气泡幕驱鱼等非结构诱驱鱼措施及其组合（刘志雄 等，2019）。鱼类由于本身的特性，对水流变化非常敏感，所以水流诱鱼已作为一种行之有效的诱鱼措施，广泛应用于工程上。

鱼道在国外已有很长的研究历史，而在我国还处于起步阶段，其设计与研究亟待发展。鱼道的修建必须以鱼类游泳特性（运动代谢、游泳能力和生态行为）为基础。因此，研究与评价鱼类洄游行为及辅助诱驱鱼技术不仅有利于鱼类学研究，也有利于发挥水利工程生态效益。

1.3.1 鱼类游泳行为

人类对鱼类游泳能力的研究可以追溯到 20 世纪初，前期研究进展缓慢，到了 20 世纪中叶以后研究进程才逐渐加快。一开始学者主要聚焦鱼类的游泳速度、耐久性等研究。后来，相关方面的理论愈来愈完善。

近些年来，为了满足对鱼类养殖及鱼类资源保护的需求，学者通过对鱼类游泳能力的研究来探索鱼类的摄食、避敌等行为，评估过鱼设施的过鱼能力（涂志英 等，2011）。鱼类游泳能力的研究成果在仿生学领域（如机器鱼）也得到了应用。鱼类游泳能力是过鱼设施设计的重要参数。因而，提高对鱼类游泳能力的认识，有助于优化过鱼设施相关参数，从而更好地发挥过鱼设施的过鱼作用，提高过鱼能力，减少拦河筑坝对洄游性鱼类的影响。

1. 鱼类的游泳类型

鱼类的游泳类型依据游泳时间的不同大致可划分为：爆发式游泳（burst swimming）、持续式游泳（sustained swimming）和耐久式游泳（prolonged swimming）。

1）爆发式游泳

爆发式游泳也被称为短跑游泳，是鱼类逃脱捕获及逃避猎食者时采取的重要方式，对鱼类生存有重要的影响，是鱼能达到的最大速度。爆发式游泳的能量来自厌氧代谢，所以会快速疲劳，只能持续很短暂的时间（通常小于 20 s），具体时间取决于鱼的种类、尺寸和水温等。鱼在爆发式游泳过程中，由低速游动时的偶鳍和奇鳍运动变为躯干和尾鳍的运动，这样可以产生更大的推进力，而且此时的尾鳍还会因膨胀而变得僵硬；此外，与低速游动时调节身体及尾鳍摆动的频率与幅度不同，在高速下它们只调节摆动的频率。

国内外的学者对鱼类突进游泳速度做了大量的研究，Colavecchia 等（1998）基于无线电信技术在实验室环境下研究了野生大西洋鲑（*Salmo salar*）的突进游泳速度。Batty 和 Blaxter（1992）利用摄像机记录并分析了不同温度下鲱鱼和鲽鱼幼鱼的突进游泳速度，发现肌肉收缩速度与温度有关。在研究异齿裂腹鱼（*Schizothorax oconnori*）通过鱼道内流速障碍的能力时，金志军等（2018）发现鱼在一定条件下通过鱼道竖缝时，几乎以突进游泳速度上溯。徐革锋等（2014）测定了不同温度和摄食条件下细鳞鲑（*Brachymystax lenok*）的突进游泳速度，结果表明细鳞鲑的突进游泳速度受温度及摄食条件等的影响较小。Mu 等（2019）采用递增流速法测定了幼龄草鱼的突进游泳速度，研究结果表明突进游泳速度与鱼类体长有关，以草鱼为主要过鱼对象的鱼道设计时应结合草鱼的突进游泳速度。在研究鱼类不同的游泳行为及其相互影响时，Cai 等（2019）发现持续式游泳和爆发式游泳产生的疲劳对后续的突进游泳速度会产生显著影响。

2）持续式游泳

持续式游泳是指鱼能持续较长时间（>200 min）游动而不产生肌肉疲劳的低速游泳方式。持续游泳速度下的能量来自有氧代谢中红肌纤维的缓慢氧化过程，这些纤维不会疲劳且不产生高能量。在持续游泳速度的定义出现之前，还出现了一个类似的概念：巡航速度。巡航速度是指鱼能稳定持续游动 6 h 而不疲劳的游泳速度，其与持续游泳速度的区别仅在于定义游动时间的不同，但它们都属于低速游动的方式。

国内外的学者对鱼类持续游泳速度做了大量的研究，Ashraf（2021）在对红鼻剪刀鱼（*Hemigrammus bleheri*）的持续游泳步态与间歇游泳步态比较分析中发现持续式游泳消耗的能量更少。Sambilay（1990）搜集分析了 63 种鱼类，129 个鱼类个体持续式游泳的最小速度和最大速度，结果表明持续游泳速度与尾鳍纵横比显著相关。涂志英（2015）对雅砻江流域两种特有代表性鱼类的游泳能力进行野外调查和试验，研究发现试验鱼的可持续游泳时间，随着流速及温度的增加而减小，且减小的幅度是非线性的。利用开放和封闭两种不同水槽，雷青松（2021）对四种典型裂腹鱼和鳅类的游泳能力进行了研究，研究表明四种鱼类持续游泳速度最大不超过 1.3 m/s。

3）耐久式游泳

介于爆发式游泳与持续式游泳之间还有一种游泳状态称为耐久式游泳，定义为持续游泳 20 s 至 200 min 后达到疲劳的游泳速度，其持续的时间取决于游泳速度的大小。在较低耐久游泳速度下，游动时的能量来自红肌或粉肌的有氧代谢，随着游速提高，能量来源变为白肌的厌氧代谢并最终导致疲劳。在自然界中耐久式游泳是一种较不稳定的运动状态，常与阶段性的持续式游泳和偶尔性的爆发式游泳相互穿插发生。

国内外的学者对鱼类耐久游泳速度做了大量的研究，Blake 等（2005）研究 3 种三刺棘鱼的耐久游泳行为，结果表明形态和栖息环境显著影响鱼类的耐久游泳能力。通过研究身体形状对珊瑚礁鱼类最大耐久游泳速度的影响，Jeffrey 等（2013）发现鱼的最大耐久游泳速度随着体长细度比的增大而增大，但增长的幅度逐渐减小。Farrell（2010）试验发现，中度缺氧对成熟红鲑耐久游泳能力并无显著影响。仲召源等（2021）采用固定流速法对短须裂腹鱼（*Schizothorax wangchiachii*）进行游泳行为试验，试验结果表明其耐久游泳速度大致为 1.2～1.8 m/s，且在一定范围内，游泳持续时间与流速成反比关系。雷青松等（2020）对斑重唇鱼（*Diptychus maculatus*）的游泳耐力的试验结果表明，其最大耐久游泳速度为 1.37 m/s。王永猛等（2020）对雅砻江两种典型鱼类的游泳能力开展研究，结果发现长丝裂腹鱼（*Schizothorax dolichonema*）的耐久游泳速度与流速呈现显著相关的关系。

2. 游泳能力的评价指标

衡量鱼类游泳能力的指标和游泳类型对应，分别有突进游泳速度、持续游泳速度及延长游泳速度。此外还有耐受力、临界游泳速度、步法转换速度等衡量指标（涂志英 等，2011）。

1）耐受力

耐受力反映鱼类持续有氧运动的能力，用某一固定流速下鱼类游泳至疲劳的时间来表征。从统计学角度而言耐受力、持续游泳速度及延长游泳速度的测定都属于固定流速试验，需要相当大的样本量并且试验历时相对较长，在随后的鱼类相关研究中未能被研究人员广泛采用。

2）临界游泳速度

临界游泳速度也称为最大可持续游泳速度，用于鱼类有氧运动能力的评价，应用更广泛的主要原因是测定临界游泳速度的时间相对较短，得到统计上有意义的值所需的样本量更小。临界游泳速度还可用于估算不同环境因子对鱼类游泳能力的影响程度，从而用于评价栖息地的环境条件改变可能导致的生态结果。

3）步法转换速度

步法转换速度是近年来提出的测定方法，是使鱼在逐步递增的流速下游动。低速条件下，鱼运用偶鳍和奇鳍产生推进力；而在高速条件下则变成通过躯干和尾鳍的相互作用来产生更强大的推进力，在鱼类由前种游泳姿态向后种游泳姿态转换时的游泳速度称为步法转换速度。但是，这种方法只适用于在游泳过程中采用步法转换的鱼类，有些深海鱼类在其生活史中仅有一种游泳方式。因此，步法转换速度的试验方法也没有被广泛采用。

以上几种指标都是对鱼类有氧运动能力的评价，而突进游泳速度和力竭性运动后的过耗氧量（excess post-exercise oxygen consumption，EPOC）是鱼类无氧运动能力的评价指标。突进游泳速度可以衡量鱼类运动的加速能力，可分为两种形式：一种是鱼体在休息状态下短时间内加速至较大速度；另一种是从某一稳定游速下变为另一更大的游速稳定游动。突进游泳速度为鱼类向上游迁移过程中越过障碍到达产卵场提供了保障，是鱼类的一项重要游泳能力。此外生物学家还指出交替地快速游动与滑行在很大程度上可以减小能量的消耗，从而实现能量的有效利用。力竭性运动后的耗氧是鱼类力竭运动后恢复期内超过静止状态耗氧水平的额外耗氧量，反映了力竭性运动过后鱼在修复组织、细胞存储氧气及高能物质、调整代谢平衡及维持渗透平衡等所需的额外氧气量，一般认为EPOC的大小及持续时间在一定程度上影响鱼类的爆发式游泳和力竭性运动能力，反映了鱼类的最大无氧代谢能力。有氧运动能力可能与鱼类长距离的迁移能力有关，而无氧运动能力可能更多地与鱼类的捕食、穿越急流和逃避敌害等生命活动相关。

3. 鱼类游泳模式

根据鱼类游泳运动中所使用的身体部位，可将鱼类的游泳模式划分为身体/尾鳍游泳模式和中间鳍/对鳍游泳模式两大类。前者又可细分为鳗鲡科、亚鲹科、鲹科及鲔科四种游泳模式，如图1.3所示。鲹科游泳模式是指在游动过程中，鱼体前部分基本不动，从中部开始至鱼尾进行摆动，且摆动幅度从中部至鱼尾逐渐增大，是最常见的鱼类游泳模式，四大家鱼均采取此种游泳模式，适用于包括达氏鲟等绝大部分长江上游典型鱼类，对于鲹科和亚鲹科鱼类来说，参与游泳摆动的鱼体部分长度占全长的1/2～2/3（Webb，1984）。

（a）鳗鲡科模式

（b）亚鲹科模式

（c）鲹科模式

（d）鲔科模式

图1.3　鱼类游泳模式分类（樊宇奇，2022）

4. 鱼类游泳能力及行为的研究方法

1）观察法

该方法具有形象化的优点，但容易造成试验动物的紧张，因此适用于了解简单粗糙的运动功能，对于复杂细致的行为学变化研究则效果较差。Wagner 等（1995）采用观察法比较了在泳道上有无遮盖物对切喉鳟游泳能力、行为及生理指标的影响。

2）光检测法

光检测法通过鱼游动时水下发射光束的中断与连接，自动记录鱼类游泳速度及行为。Reidy 和 Ker（2000）通过鱼在水槽中游动时激光二极管发射光线被中断的时间间隔，测定了鱼的突进游泳速度。光检测法的准确度较高但装置较复杂。

3）图像处理法

基于图像处理法，能够精确测定多种动物的行为参数，利用双目视觉技术还可实现动物三维活动的检测。Kato 等（1996）采用摄像机记录金鱼的游泳行为，然后借助图像处理法获取了金鱼在池中游泳的位置分布及游速分布情况。该方法通常需要高性能的计算机和高速图像采集卡，因此计算机硬件比较昂贵。

4）遥感遥测法

遥感遥测法具有试验数据多、试验针对性强、跟踪性好的特点，但测定过程易受水体干扰，分辨率较低。Bauer 和 Schlott（2004）采用无线电遥测术，考察了鲤越冬期间的游速变化及觅食行为。Schurmann 等（1998）采用声波遥测术研究了鲈鱼在室内水箱中的垂直分布。

5）水槽试验法

前文所述的研究方法可以用于野外研究也可用于室内研究，而对于室内研究来说，水槽试验法是研究鱼类游泳能力及行为等最常用的方法。这种试验方法能排除众多复杂的环境因素，强化一个刺激源的作用，易于直接观测及定量比较，可作为现场试验的基础，试验重现性高。水槽试验法中最常用的装置为游泳呼吸仪，它除了测定鱼的各种游泳能力外，主要用于测定鱼在游动过程中的能量代谢。

5. 鱼类游泳能力评价模型

鱼类的洄游是鱼内部生理变化发展到一定程度对外界刺激的一种必然反应，是鱼类生活史中的重要生命活动。鱼道的设计需要建立鱼类游泳能力的评价模型，以达到最佳的过鱼能力。Beach（1984）认为鱼的有效游泳模型既要考虑突进游泳速度也要考虑持续游泳速度，两种游泳方式间可以平缓过渡，此外还应考虑水温的影响。鱼类游泳能力评价模型包括游泳速度模型、跳跃高度模型和游泳耐力模型等。

1.3.2 诱驱鱼技术

人们将外界环境因子如水流、声音、光照、电信号、气泡幕等影响鱼类行为的因素作为切入点进行研究（谭红林 等，2021），并利用鱼类对这些特定因素所产生的行为反应定向地驱鱼、诱鱼，这一技术称为诱驱鱼技术（鱼类行为控制学技术）。这种技术因有着经济、相对高效、无污染的特点，近些年来已越来越受到国内外学者的重视，如何利用新型的辅助诱驱鱼措施来实现导鱼，是近年来许多学者拟解决的问题。

1. 水流诱鱼技术

作为鱼类生活环境中的一种非生物因子，水流在鱼类的摄食、生长和新陈代谢等生命活动中有着重要作用。许多研究发现，水流对鱼类行为的影响被认为是最原始和最切实有效的，鱼类能通过身体表面的侧线感受到流速、紊动强度和压力的变化，其行为受到紊动强度的影响。利用鱼类对流场的感应而引发的接近行为被称为水流诱鱼技术，旨在利用水流流态的变化来达到集诱鱼的目的（王从锋 等，2016）。

鱼类能否在宽阔的河道中顺利找到鱼道进口，关键在于进口是否存在明显的吸引流、区别流及鱼类顺水流上溯的水流条件。吸引流能够帮助鱼类完成上溯行为，一般要求其流速大于鱼类的感应流速。为此一般鱼道进口布置在电站尾水、溢洪道出口等经常有水流下泄的地方。研究表明，鱼道进口水流与电站尾水出流不形成竞争流的情况下，距离下泄水流越近，其吸引流越大，进口诱鱼效果越好；大量研究通过在鱼道进口增设补水设施，创造出合适的水流流态，诱导鱼类上溯。区别流是指鱼道进口水流与电站尾水的出流存在明显区别，避免鱼类被电站尾水吸引误入水轮机内，使其能够准确找到鱼道进口。如鱼道进口水流方向宜与河道主流方向形成一定夹角以增强其效果，鱼道进口宜设计成收缩状，增大出流流速，也可采用溢流堰、竖缝或孔口形式，同时导流墙、隔水墙等建筑物也起到引导水流扩散的作用，使主流和低流速之间形成明显的区别流，易于鱼类识别和休息。

为保证鱼类顺利到达鱼道进口，鱼道进口附近不应存在回流、水跃和大尺度的涡，防止鱼类迷失方向。吴震等（2019）以异齿裂腹鱼为研究对象，发现鱼类在高流速、低紊动能区域发生折返行为。罗凯强等（2019）研究发现齐口裂腹鱼（*Schizothorax prenanti*）在上溯过程中明显逃离高紊动能区域。汤荆燕等（2013）通过模型试验发现，河道流速对洄游路线有很大影响，主河道流速越小，洄游路径越短。

2. 声音诱驱鱼技术

声音在鱼类之间的信息交流、觅食、躲避敌害等方面发挥着重要作用。鱼类的听觉系统包括内耳、气鳔及其他外周附属结构和听觉中枢。鱼类通过内耳和侧线感应外界各种声音刺激，并以此产生各种各样的行为反应，称为趋声性。

根据鱼类对不同声音所做出的不同反应，可将鱼类的趋声性分为正趋声性、负趋声性和中性反应。正趋声性表现为鱼类在外界声音刺激下趋向声源运动，近年来利用鱼类的正趋声性，“声诱渔业”“海洋牧场”及不同钓具等开始出现。负趋声性表现为鱼类在声音刺激下向避开声源的方向游动，研究者通常在鱼类过坝中利用鱼类的负趋声性在鱼类上溯路径上阻拦和驱赶鱼群。有些鱼类对声音刺激的反应非常迟钝，甚至毫无反应，表现为中性反应，例如玉筋鱼在夏季产卵期间，感应迟钝。

声音诱驱鱼技术作为一种将声学原理应用于鱼道的新型诱鱼技术，一般是在音箱集鱼器里的声音播放器中录入鱼类的某些生物学声音（如求偶、摄食、集群、外敌摄食等声音），再将音箱集鱼器放入水中，利用鱼类对不同声音的趋声性，达到诱驱鱼的目的（王明云 等，2021）。

国内外关于鱼类对不同声音的趋声性研究表明，鱼类对声音的敏感程度主要是由声音的尺寸、频率和波形等所决定的。鱼种间的差异性，使不同鱼类对同种声音的敏感程度不同，而同种鱼类对声音敏感程度也会随着流域内水环境、季节变化、昼夜节律及个体的不同发育阶段而变化。鱼类对求偶、摄食、集群等声音通常表现为正趋声性，而对外界环境所产生的噪声，如打桩声、船声及超声波等产生明显的逃避反应，进口鱼类聚集区域应尽量避免外界噪声的干扰。鱼类在经过持续声音的驯化后，对驯化声音产生记忆，呈现出一定的适应性，从而导致声音导鱼效果变差。梁君等（2014）对黑鲷（*Acanthopagrus schlegelii*）声音驯化的研究表明其在声音驯化过程中经历了适应期、变化期和稳定期三个阶段，且饥饿状态下对声音刺激的兴奋度比饱食后更高。

3. 光诱驱鱼技术

视觉作为一种人类和动物都不可或缺的感觉，在每种生物的整个生活史中都起着至关重要的作用。对于鱼类而言，视觉是可以帮助它们躲避敌害和探测猎物的重要感官，同时也是它们在河道中定位的重要依据。

由于光线进入水中会被折射和吸收，所以鱼类感受到的光会有别于人类。另外，不同水域不同物种的鱼类由于自身的生活环境或发育阶段的不同，对光线变化产生的行为也会有所不同。对于鱼类来说，光照的改变不仅可以引起其视觉上的明暗变化，使得其自身机能产生生理变化；还会直接引起水体温度的改变，从而间接影响鱼类的摄食行为、生长情况及存活率等。以往的研究发现，光对鱼类确实有一定的诱驱作用。在黑暗或昏暗的环境中，鱼类的游动经常是混乱无序的，随意性较大；但在有光的环境中，鱼类的游泳姿态会出现明显变化，游动方向变得有序，甚至有的鱼种会有集群行为。作为过鱼设施中诱驱鱼的重要技术之一，如何在灯光诱鱼过程中合理地布置光源以提高过鱼效率是现在工程实际最为关心的问题。

国外就光诱驱鱼技术的实际应用效果开展了大量的研究。在美国萨凡纳（Savannah）地区抽水蓄能工程中，持续光照已经作为一种吸引源，来避免鱼类进入水轮机。Tabor等（2004）在锡达河（Cedar River）上的研究表明，红大麻哈鱼的迁移会受到光照强度的影响，并建议将光照强度保持在 0.1 lx 以下来保证鱼类的下行迁移行为。同时，在哥伦比亚河上的大坝，闪光灯也被作为一种驱鱼措施来驱赶鱼类远离水轮机的进口，增加鲑幼鱼的通过率（Mueller and Simmons，2008）。

4. 电驱鱼技术

鱼对水中电场具有独特的敏感性，电信号被证实对鱼类具有很好的驱赶作用及细微的诱集作用，安全的电流对人和水生生物无害，同时对生态环境十分友好，在合适的电学参数下电信号驱鱼效果显著，且在国外早已有不少研究，电驱鱼技术具有很多优点，并已在欧洲、北美等内陆水域广泛应用（罗佳 等，2015；畅益锋，2005）。

我国的相关技术研究起步较晚，但随着近些年来国内学者对电驱鱼技术的愈发重视，以拦鱼电栅作为载体的电驱鱼技术，已在国内水域逐步应用起来，并已有着较为成功的工程实例。相对于声音、光照、气泡幕、水流等其他诱驱鱼措施，电驱鱼技术具有广泛的适用性，也不易受到周围环境的影响，兼具简单、经济、高效与稳定的特点。我国对电驱鱼技术的研究还不够成熟，且大多聚焦于电信号对鱼类的生理效应研究及拦鱼电栅电学角度上的结构优化上面，很少进行针对不同电学参数、不同鱼类的驱鱼效果研究的室内精细试验，且并未很好地将室内精细试验与工程应用相结合。大量基于电驱鱼技术原理的室内精细试验、水工模型试验验证及工程应用初探方面亟须进行。

5. 气泡幕驱鱼技术

气泡幕驱鱼的原理是利用气泡在水中产生的声音、视觉效果及气泡上升过程中产生的环流三者的作用，来驱赶和引诱鱼类，进而将鱼类定向引导至目标位置，比如鱼道进口等过鱼设施中。气泡幕驱鱼技术相较于其他方法，具有成本低、无污染、无伤害等优点（范纹彤 等，2019），有较好的应用前景。国外关于气泡幕的研究相对成熟，有一定的工程应用实例，也取得了良好的效果。学者利用气泡幕，防止鲤入侵，以阻止外来物种侵害本土鱼类，保护生态环境。然而，国内的研究尚处于室内试验阶段。关于气泡幕对鱼类行为影响的机理探究也只是处于初期阶段，如何将气泡幕的特性及其对鱼类行为的影响结合到实际工程中是亟待解决的问题。

第2章　鱼类行为及其影响因子

2.1 引　言

鱼类行为是过鱼设施设计的基础。本章从鱼类行为学概况、与过鱼设施相关的鱼类行为及影响鱼类行为的环境因子三个方面进行阐述。首先，概述鱼类行为学的发展，然后对鱼类行为进行分类，接着详细阐述鱼类行为学研究的主要方法，包括现场观测法、渔获试验法、水槽试验法和数值模拟法等。由于鱼类行为对于过鱼设施的设计和效果有重大影响，所以本章重点介绍与过鱼设施相关的鱼类集群行为、游泳行为、洄游行为和趋性行为等。最后详细介绍水流因子、声音因子、光因子、电因子、气泡幕因子、底质因子、水文水质因子及生物因子等环境因子对鱼类行为的影响。

2.2 鱼类行为学概况

2.2.1 鱼类行为学发展历程

鱼类是生活在水中的最古老的脊椎动物之一，对水环境变化的反应非常敏感。鱼类行为就是鱼类做出的各种动作，是指鱼类对外界环境和内部环境变化的外在反应，包括游泳、摄食、生殖、呼吸、洄游等行为（赵方旭，2016；何大仁和蔡厚才，1998），此外，避敌、攻击、寻求配偶时改变体色等非运动形式也被列入了行为范畴。鱼类所产生的种种行为往往与环境条件变化的刺激有关，因此可以将鱼类个体对环境的反应称为行为。

鱼类行为学是研究鱼类行为规律的新兴学科，是根据自然界或实验室的环境情况，对鱼类不同器官和神经系统及其他较为复杂行为而展开的研究，用于揭示鱼类的行为特性、鱼类行为与生态环境之间的相互关系。

20世纪初，很多科研工作者对各种鸟类及哺乳动物开展了多项研究，动物行为学这个学科由此产生（黄晓荣和庄平，2002）。直到20世纪中叶，人们才开始关注鱼类行为，鱼类行为学研究进入新阶段。在这个阶段，联合国粮食及农业组织（Food and Agriculture Organization of the United Nations，FAO）于1967年在挪威召开了有关鱼类行为学及渔具、渔法的相关会议；国际海洋考察理事会（International Council for the Exploration of the Sea，ICES）于1992年在挪威召开了会议，并在会议上强调了将鱼类行为学应用于渔业的选择性捕猎、资源评估及资源管理等领域的重要性。

随着该领域研究的不断深入，相关成果著作也不断被编写出来。1978年，外国学者Mostofsky发表著作*The behavior of fish and other aquatic animals*，中文译名为《鱼类和其他水生动物的行为》；1979年，Miles出版书籍*Diversity and adaptation in fish behaviour*（《鱼类行为的多样性和适应性》）。我国学者何大仁和俞文钊在1984年翻译了《鱼类的行为：鱼类定向机制及其在捕鱼业上的应用》；1985年，茅绍廉编写了《鱼类行动与捕鱼技术》；1998年，何大仁和蔡厚才编写出版了《鱼类行为学》。20世纪50～60年代至今，人类对于鱼类行为学的研究从渔业逐渐转向鱼类水生态环境等相关方面的研究，随后鱼类行为学的研究及理念也得以蓬勃发展。随着科技发展，学者在鱼类行为学研究中取得了丰硕的成果，并成功应用在各个工程领域。我国对于鱼类行为学的研究时间还比较短，无论是试验方法还是装置都需进一步提升，这也是一种新的挑战。

鱼类行为学对洄游性鱼类物种多样性保护具有重要意义，是过鱼设施设计中必须考虑的重要因素，而缺乏对鱼类行为学研究的鱼道设计将难以发挥辅助过鱼的作用（Quiros，1989）。鱼类的生存和繁衍受到自然水域中诸多环境因子的影响，如声音、温度、光照、水流、底质等（金志军 等，2017；Banan et al.，2011；Mesquita and Godinho，2008）。在复杂流场下，鱼类的游泳行为和其游泳运动过程中的稳定性与其所处的水动力环境息息相关。鱼类能够有效感应身体周围流体的流动，并将身体运动的动量传递给周围的流体，从而有效地控制推力的产生，甚至鱼类还可以从波浪、紊流中获取能量，进而减少游动中自身能量的消耗。掌握鱼类感官系统的响应机制有助于对鱼类趋性、集群及昼夜节律的理解，鱼类行为研究对鱼类保护及水利工程建设具有重要的意义。

2.2.2 鱼类行为分类

鱼类的行为分为两种类型，一种是神经系统遗留下来的“先天性行为”；另一种是在生活过程中通过经验和学习模仿而发展起来的“获得性行为”。先天性行为包括趋性行为、发射行为、本能行为等；获得性行为中有适应行为、联合行为、学习行为等。鱼类主要行为有摄食行为、繁殖行为和洄游行为。其中，洄游行为是鱼类生活史中极为重要的行为，具有定向性和周期性（涂志英 等，2011）。

1. 摄食行为

鱼类的摄食行为是嗅觉、视觉、听觉等一系列行为的总和，其食性与其栖息环境有密切的关系，也与其消化器官的形态结构相适应。鱼类的食性主要分为：草食性、浮游植物食性、鱼虾类食性、底栖动物食性、浮游动物食性、腐屑食性、杂食性等。同时依据鱼类不同的摄食方式可将其分为滤食性鱼类、捕食性鱼类等（叶超 等，2013）。摄食方式的不同与鱼类的生态特性及所生活的环境特点有关。鱼类依靠环境中的食物摄取保证正常的生命活动，从环境中摄取食物的能力关系到鱼类的生存、生长、发育和繁殖。

2. 繁殖行为

鱼类和其他脊椎动物一样，在生殖季节进行繁殖活动。如在产卵场聚集的草鱼、青鱼、鲢、鳙等鱼类，鱼群数量巨大，产卵鱼群的性别比接近 1∶1，因此产卵活动多为雌雄鱼成对进行，通常为单配偶型（monogamy），但也会出现 2～3 尾雄鱼追逐 1 尾雌鱼的现象，称为多配偶型（polygamy）。青海湖裸鲤进入产卵场后会产生数尾雄鱼追逐 1 尾雌鱼的现象，完成繁殖行为后的受精卵将落入卵窝中（熊六凤和陆伟，2005）。

3. 洄游行为

洄游是鱼类生命活动中的重要现象，表现为定向的周期运动，鱼类通过洄游得以完成其生活史中的各个重要环节。洄游现象在很多鱼类中有很明显的表现，如大部分海洋鱼类的降河洄游等。从生物学观点看，洄游是鱼类运动的一种特殊形式，也是一种主动的、定向的、集群的、周期性的运动，更是具有洄游特性的鱼类在洄游期内响应水流条件发生的行为。洄游与鱼类的其他一些本能特性不同，其规律性与外界环境周期相互交替基本吻合。鱼类在不同的生命阶段对环境条件有不同的需求，洄游行为是鱼类寻找适宜生境而发生的关键生命活动（Tan et al.，2022；刘庆营，2008）。

洄游行为按不同的生理需求可分为生殖洄游、索饵洄游和越冬洄游，鱼类在洄游过程中分别寻找适宜的产卵场、索饵场和越冬场。按鱼类生命阶段分类，有成鱼洄游和幼鱼洄游 2 种。按鱼类所处生态环境的不同可分为海洋鱼类洄游、溯河性鱼类洄游、降海性鱼类洄游和淡水鱼类洄游 4 种（刘勇 等，2006）。

洄游是鱼类在系统发生过程中形成的一种特征，是鱼类对环境的一种长期适应。鱼类的洄游能够最大限度地提高种群的存活、摄食、繁殖和避开不良环境条件的能力，是种群获得延续、扩散和增长的重要行为特征，能为种群提供更有利的生存环境。

环境因素对鱼类洄游起着重要作用。其中非生物因素[水温、水流、水化学（包括盐度）等]和生物因素（饵料丰度等）最为重要。水温是鱼类代谢的重要控制因子，水温的季节性变化可能是造成寒温带水域鱼类季节周期性洄游的主要因子。其次，对于鱼类自身来说，水流刺激对鱼类的生长必不可少，水流可刺激鱼类洄游。此外，性激素对于产卵洄游具有巨大影响，因而进行产卵洄游的鱼类，性腺都到达一定的发育时期。

4. 其他行为

鱼类还存在攻击、防御等行为。鱼类的行为学研究与鱼类的养殖研究、繁殖育种研究、保种研究、捕捞研究等有密切的关系。

2.2.3　鱼类行为学研究方法

鱼类行为可以从生理学、形态比较、解剖、生态习性及心理学等方面进行研究，研究方法包括以下几种。

1. 现场观测法

这种方法具有最形象化和实在化的优点，可分为直接目视观测及仪器观测两类。各种搭载工具及水下装备的开发，如水中机器人，潜水车，潜水船，水中摄影、录像，超声波探测，轻便潜水器及航空、卫星的快速大范围探测等，使对鱼类行为及相关因子的观察范围进一步扩大、观测可能性有了很大的提高。

2. 渔获试验法

渔获试验法是通过比较不同渔具、渔法的渔获来间接探究鱼类行为的方法。如使用同一渔具在不同的季节、时间、地点、水深等进行渔获比较，也可以用不同的渔具在同一渔场进行渔获比较。渔获试验法对于改进渔具与渔法、探明渔获过程及机制、提高渔获效率、改进渔业管理等都有实效，易被生产者接受与应用。

3. 水槽试验法

水槽试验法是研究鱼类行为的常用方法，也是进行基础研究的方法。主要以鱼作为试验对象，在构建好的水槽物理模型中进行相关鱼类行为学试验或者环境变量选择试验等，这种试验方法可以有效控制复杂的环境变量，从而实现鱼类对单一变量的行为响应观测，易于直接观测及定量比较，可作为现场试验的基础。水槽试验法广泛用于如视觉、触觉、听觉等鱼类感知系统的基础试验研究。

4. 数值模拟法

数值模拟法以前期试验结果为依据，对试验数据进行补充，对鱼类行为规律进行数学模式化，得到鱼类行为的一般规律。将鱼类预测行为结果与构建物理模型试验的结果进行比较验证，进而解释影响鱼类行为的各部分因素之间的交互关系，进一步指导鱼类行为学的相关经验总结与理论发展。

2.3　与过鱼设施相关的鱼类行为

2.3.1　集群行为

鱼类集群行为的科学研究始于 20 世纪 20 年代，最初对鱼类集群行为的研究仅仅停留在对集群数量的观测记录与对鱼群集群特征的描述上。20 世纪 50 年代超声波技术的应用为观察鱼群空间位置分布提供了有力的技术手段，人们开始通过影像分析了解鱼群的空间位置与垂向的水层分布，并观察到昼夜垂直洄游的现象。由于观察手段有限，鱼类集群的结构、分布和内在机制的研究进展缓慢。随着20世纪70年代水下观察技术的发展，观察和录制大量的鱼类行为视频得以实现，水下作业过程中保留了鱼类行为相关的录像，鱼类行为研究得以快速发展（周应祺 等，2013）。

集群行为是大部分鱼类一个比较普遍的现象，在鱼类的整个生命过程里都会出现阶段性的集群行为，特别是洄游性鱼类的集群行为就更加明显。鱼类很少单独游动，成群游动状态下经常通过调节尾流结构来实现鱼群中的交流。鱼类在集群过程中依靠视觉相互靠近、巡游，游动方向逐渐统一。在鱼类发生集群行为的过程中，侧线感知能力和视觉系统对鱼类集群的形成有极其重要的意义，视觉系统有助于保持鱼与鱼之间的距离和方位，而侧线与鱼的速度和方向有关（Partridge，1980）。

按照集群习性，鱼类的集群行为包括生殖集群、越冬集群、摄食集群、洄游集群等，鱼类集群在应对潜在危险、提高自身适应性、扩大种群弹性及增强种群可持久性等方面发挥着重要作用。如集群可以提高觅食效率，更快地获知食物源信息，节省个体消耗能量，减少游泳阻力，增强适应能力等（周应祺 等，2013）。集群可以帮助摄食和逃避敌害（胡鹤永，1988），同时能够降低鱼群的外界风险。鱼类集群在洄游过程中可帮助鱼类更快地找到洄游路径。因此，鱼类的集群行为是一种有效的保护机制。

温度是影响鱼类游泳行为和集群行为的重要因素之一。研究表明，鱼体内的温度与周围环境的温度差异应控制在0.5～1.0℃。此外，鱼类集群行为受许多其他因素的影响，如饵料、盐度、潮汐、捕食者、降水、光照、风向、气压，都会影响鱼类的集群行为（冯春雷 等，2009）。为此，分析鱼类集群效应的同时，应尽可能地考虑更多的影响因素。

2.3.2 游泳行为

游泳行为是鱼类最重要的行为之一，描述该行为的指标是游泳速度和游泳时间。鱼类有肌肉交替收缩、鳍的运动和呼吸时从鳃孔喷水3种基本游泳方法。自由游泳时鱼类有4种游泳状态：顶流前进、顶流静止、顶流后退和顺流而下（柯森繁 等，2017）。鱼类的运动轨迹在一定程度上能反映鱼与所处水流条件是否相适应，鱼在水中的运动速度、加速度、摆尾频率、摆尾幅度是鱼类游泳行为的重要指标（颜鹏东 等，2018）。

鱼类游泳行为是一种状态不稳定的运动，随着水流速度的变化，鱼类游泳行为显著变化。巡游是自然界鱼类最普遍的游泳模式之一，常见于鱼类长距离的洄游和迁徙期间，该游泳模式被认为具有高效和节能的特点。通常，鱼类的游泳速度可以用单位时间内鱼体前进的距离或者鱼体前进的体长倍数来表示。鱼类的游泳速度与其体长和肌肉的收缩频率、尾鳍宽度的平方呈正相关，与尾鳍的面积呈负相关。压力场作为流场的重要组成部分，是分析鱼类游泳行为及其游泳动力形成的关键因素。

1. 鱼类游泳能力的影响因素

影响鱼类游泳速度的因素既有生物个体因素也有环境因素。鱼类的个体大小、体型、肌肉类型、尾鳍形状、体表等不同，其对应的游泳能力有明显差异。除了生物个体因素，潮汐、水温、溶解氧、食物丰度等环境因素也会影响鱼类的游泳能力（乔云贵和黄洪亮，2012）。不同种类的过鱼对象，由于形态、生活习性、栖息环境等不同，其游泳能力（上溯距离，突进游泳速度等）会有明显差异。

耐久游泳速度和突进游泳速度是与鱼道设计密切相关的两个指标，一般情况下鱼类通过鱼道依靠耐久游泳速度，但穿越鱼道进口或竖缝处时需要依靠突进游泳速度（刘瀚文 等，2023；李志敏 等，2018）。鱼类的游泳能力与鱼体形态之间存在一定关联，如纺锤形的鲑鱼具备更强的游泳能力。在一定适温范围内，温度也会对鱼类的游泳能力造成影响，温度越高鱼类的游泳能力越强。若超过了鱼类的适温范围，即使温度升高，鱼类的游泳能力也会降低。但温度对突进游泳能力的影响较小。一般来说，温水性鱼类在25～30℃能获得最大极限游泳速度，冷水性鱼类的最大极限游泳速度则发生在15～20℃（郑金秀 等，2010）。

通常认为，溶解氧含量的多少关系到鱼类的持续游泳速度和耐久游泳速度，溶解氧含量过低会影响鱼类血氧浓度，从而延长鱼类的恢复时间。而突进游泳速度主要依靠无氧呼吸进行，与溶解氧含量的关系较小，但若无法保证水体内足够的溶解氧含量，鱼类将出现上溯困难的问题（郑金秀 等，2010）。

2. 鱼类行为学

鱼类的游泳效率与其特有的推进机制密切相关，高效的推进机制是鱼类对复杂水流环境不断适应和进化而产生的。鱼类头部高效率的原因在于其特殊的形状，类似于“翼型”的减阻机制。鱼体各部分的作用分布极不平均，头部、尾部产生的推力明显高于阻力，推动鱼体前进，而中部产生的阻力远高于推力，阻碍鱼类鱼体前进（张奔 等，2021）。

不同的游泳模式和体形可能会赋予鱼类不同的功能优势。在自然环境下，鱼类有着丰富的游泳策略，总体可分为巡游和机动游泳两类游泳模式，巡游速度相对均匀稳定并具有周期性，而机动游泳中速度方向和大小会快速变化，发生一系列包括加减速、倒游和转弯等行为。机动洄游常见于鱼类捕食和逃逸的过程中。巡游和机动游泳有很大的不同，对于巡游，尤其是在长时间的迁徙和洄游期间，低能耗和高效率至关重要。

鱼类在顶流前进过程中会出现多次顶流滑行，不同水流流速下其顶流前进状态下的摆尾频率高于顶流静止状态，主要原因是尾部作为鱼主要的动力来源，当流速增加时，鱼为了保持自身稳定甚至顶流前进，需要更大的动力维持其状态，摆尾频率将不断提高。在顶流前进状态下，鱼始终保持加速向前的过程，与顶流静止状态相比较，摆尾频率普遍较高。

部分鱼类在顶流过程中主要靠摆尾频率获得游泳动力来抵抗流速增大的影响，摆尾幅度的大小对鱼类抵抗速度的增大没有起到关键作用。爆发阶段的摆尾幅度比平稳游泳时大很多，尾部作为鱼的主要动力来源，需要通过大摆尾幅度获得更多的能量，产生更大的推力。

突进游泳速度是鱼类在短时间内可以达到的最大速度。鱼类经常使用突进游泳速度捕获猎物或逃避猎食者。持续式游泳是代谢产物维持在一个较低水平的有氧运动方式，鱼类在洄游和自然状态下的自发游泳多采用该游泳类型。耐久式游泳是运动至疲劳的游泳类型，在自然界中，常与持续式游泳和偶尔性的爆发式游泳相互穿插发生。

2.3.3　洄游行为

洄游是鱼类生存的重要基础，可分为上行和下行两个方向。鱼类具有抵抗水流能力上行的行为需求。此外，多种鱼类的幼鱼具有下行洄游需求（李敏讷，2019）。鱼类行为具有多样性、易变性和复杂性（周应祺，2011）。在下行过程中，鱼类若是遇到障碍，会发生包括方向改变、游泳速率变化、延迟下行、被动漂流等行为。鱼类的经典游泳能力指标，如感应流速、持续游泳速度、临界游泳速度和突进游泳速度等及开放水体自主游泳能力之间的关系可以帮助评价鱼类的自主游泳能力。鱼类在逃避刺激源时会表现出适应行为，即鱼类逃离流速骤变的区域后，常会采取反复下行——逃逸的策略来适应并最终通过特定区域（Kemp et al.，2012）。

下行过鱼设施主要考虑幼鱼下行过坝需求，幼鱼下行主要采用水流引导的方式使鱼主动进入下行过鱼设施入口。

2.3.4　趋性行为

1. 水流诱导

鱼类的生命周期活动与水流密切相关，尤其在具备洄游习性的鱼类物种中表现明显。正因为鱼类常年生活在流动的水环境中，对于因索饵捕食、躲避天敌产生的运动环境较为敏感。在流水中生活的鱼类多数具有趋流性，它们能够根据水流方向与水流大小调整自身游泳行为，使自身能够适应水流，顶流或者顺流上下行。

水流对鱼类行为的诱导作用主要依靠鱼类的趋流性，趋流行为在鱼类洄游过程中有着重要意义（谭红林 等，2021；Cheong et al.，2006）。研究鱼类的趋流性及其克流能力能够为鱼道设计提供一定的科学依据。鱼类的侧线系统在识别水流条件及种间通信中发挥重要作用，是感知水流的重要器官。在鱼类发育的早期，侧线管神经丘常呈散状排列，此时感觉细胞暴露在身体的表面，更容易感知外界的变化。随着个体成熟，外侧神经逐渐并入鳞下皮肤，鱼类感应流速的能力与其体表神经丘的分布有关，由于其生长发育环境的变化，鱼体感知水流的能力发生变化。鱼类具有顶流的习性，水流对于鱼类也具有一定的诱导作用，但其诱导作用并不是随着流速的增大而增大。

2. 声音诱驱鱼

鱼类能够通过内耳、侧线和鳔接收声音信号，当声音具有一定的信号意义时，会对鱼类的活动产生刺激或抑制。声音诱驱鱼技术是辅助诱驱鱼技术的重要手段，根据鱼类对声源产生的反馈分为正趋声性、负趋声性、中性反应。鱼类可以通过声音实现种间信息的传递，包括集群时产生的声音、逃避敌害游动产生的声音和摄食声等。因听力结构和生长阶段不同，鱼类对声音的反应也存在差异。鱼类对于同频率、不同声压的趋声性也不同，声压越大，鱼类接受声音的感官细胞所受的刺激也越大。当声压大于某一数值时，鱼群会发生回避、逃离行为，这一原理常用来对鱼群进行定向驱导。

3. 光诱驱鱼

光环境包括光照颜色和光照强度，其被认为是引起鱼类代谢系统反馈的指导因子。趋光性指动物对光照刺激产生定向运动的特性，正趋光性表现为朝向光源的定向运动，负趋光性表现为远离光源的定向运动。鱼类的趋光性行为表明鱼类拥有辨别不同光照颜色的能力，而鱼类辨色能力可能与其器官或生活习性有关。此外，鱼类的趋光性与其生活习性、温度及发育阶段有关，一般生活在水体表层的鱼类其趋光性大于生活在水体下层的鱼类，而底层鱼类更趋向于弱光或具有负趋光性。

不同颜色光的波长不同，在水中的穿透力也不同。随着水深的增加，阳光中的红黄色光波因水的反射和吸收作用逐渐耗散，蓝绿色光波具有较短的波长，能够在水中传输更远的距离。因此，一些中上层鱼类更偏好白光和黄光，而深水层鱼类偏好于蓝绿光。研究表明，光照能在鱼类的受光器内产生化学变化，这种变化的结果将影响鱼类运动器官活动的变化，从而导致鱼类产生趋光或避光的行为反应。

不同水生动物对光的敏感程度不同，不同鱼类的趋光性也不相同，部分鱼类趋向于强光，部分鱼类趋向于弱光。有研究者提出了一种“信号—适应”的假设，这一假设认为：在光诱鱼开始时，光具有信号意义，使鱼进入弱光区；当鱼感受到了更强的光且适应后便向强光区前进，即鱼在弱光与强光之间不断适应向前。在光源处的特强光刺激下，鱼失去了平衡，在行为学上出现了带病理性的围绕光源的旋转运动。

4. 电驱鱼

鱼类在交流电场中的反应可以概括为三个阶段：躲避阶段、定向阶段、僵直阶段；在直流电中的反应可以分为五个阶段：调整阶段、趋阳阶段、麻痹阶段、强迫阶段、僵直阶段（钟为国，1979a）。

不同种类的鱼对电的敏感性不一，这可能与鱼类的皮肤特征和导电性不同相关。鱼类皮肤的神经分布差异将影响其对电场的反应，鱼鳞类型和鱼皮会影响导电性。较大的鱼鳞或黏液皮能够“屏蔽”部分电流，降低电场对鱼类的影响。温度、流速和电导率都是电驱鱼系统发挥引导作用的重要因素。

5. 气泡幕趋避

国外早在 20 世纪 30 年代就开始了有关气泡幕的研究，并将其应用到渔业生产和鱼类资源保护中。气泡幕是指从压力管的排孔中释放压缩空气进而在水中形成屏障，可以起到趋避鱼群运动的效果，同时也可以通过改变气泡幕的形状将鱼群驱赶到一处，达到聚集鱼群的目的。相比于电栅，在特定场景下，气泡幕具有技术简易、能耗低和诱导鱼效果良好等优点（范纹彤 等，2019）。

目前研究发现，气泡幕对鱼均有较明显的阻拦效果，其效果受鱼种、气泡幕形态、布置方式及其他环境因素变量的影响。鱼类在接近气泡幕后的趋避行为可以分为多种情形，包括受到气泡幕刺激后产生的逃逸行为。逃逸行为分为主动逃逸和被动逃逸，主动逃逸是指鱼类在接触气泡幕的影响下主动折返，鱼体大幅度偏转、掉头，迅速游动返回。

2.4　影响鱼类行为的环境因子

鱼类行为受到许多环境要素的影响，同时具备对环境变化的感知能力，包括感觉能力（视觉、听觉、嗅觉、触觉和侧线感知）和对环境（如温度、水质成分、溶解氧含量、海流、噪声、磁场等）变化的反应能力。其中，在影响鱼类行为的非生物因素中，流场条件对鱼类行为的导向作用尤为关键，具体表现在流速、矢量方向（水流方向）、涡和紊动能等方面。在过鱼设施中，鱼类的游泳运动往往是对多个水力因子（紊动能、紊动强度、雷诺应力、耗散率和涡）的综合反馈。鱼类游泳运动行为的稳定性和水动力条件的机制对于分析和解释复杂流场下鱼类的行为非常重要。

2.4.1　水流因子

水流是水生动物生存环境中的一种重要影响因子，但是由于人类不断修建水坝、桥梁、排水口、船舶等工程，局部和区域水流受到了较大影响。水流环境的改变，会对鱼类的行为反应和水生动物的分布、捕食和繁衍等产生消极作用。

水流对鱼类的行为具有复杂的影响。从前人的研究成果可知，鱼类对水流的刺激具有偏好性，适宜的水流环境有利于鱼类的生存。许品诚和曹萃禾（1989）的试验表明，水流的流速对草鱼、鲫的体重有显著的影响，在动水条件下，草鱼的净增重率是静水中的 3.46 倍，而鲫的净增重率是静水中的 4.09 倍。这表明，部分鱼类的生长效率与流速具有较为明显的正相关关系。水流的作用不仅表现在对鱼体重的影响，同时也会改变鱼类的部分行为。相比静水条件，在动水中，鱼类行为活动量大、集群性强，鱼类通常顶流上溯。因而，分析水流和鱼类行为的响应关系，可为提高鱼道过鱼效率提供支撑。

1. 流速

流速是影响鱼类游泳行为的重要水力学参数。在一定流速范围内，随着流速的增加，鱼类的摆尾频率与幅度都相应增加，其克服流速障碍所消耗的能量随着流速的增大而增大。鱼类可根据水流方向和流速大小调整其自身的游泳方向和游泳速度，使自身保持克服流速障碍的游泳状态或长时间停留在某一位置。鱼在克服流速障碍时，通常表现 4 个关键行为特征：顶流静止、顶流前进、顶流后退和顺流而下。当流速达到鱼类能克服的范围时，鱼类会出现顶流现象（趋流性）。当流速逐渐增大至鱼类常偏好流速范围时，鱼类会表现出顶流前进；当流速增大到鱼的临界游泳速度时，鱼会表现出顶流静止；当流速大于刺激鱼类所需要的流速时，鱼贴底游动以保持身体稳定直到被水流冲向下游，这种行为属于顶流后退；当流速大于鱼的突进游泳速度时，鱼会表现出顺流而下。

鱼类在上溯过程中普遍存在折返行为，其折返行为大多是为了搜寻合适的上溯路径。鱼道流速是引发折返行为的主导因素，鱼类折返行为集中发生在高流速区域，折返后倾向于选择低流速区域重新上溯。鱼类在高流速区域上溯时会选择向低流速区域折返，并在低流速区域经过一系列游泳运动获得更大的加速度以突破高流速区域的水流流速。低流速向高流速进行折返的试验鱼大多为识别与感知上溯方向，找到明确的上溯主流完成洄游。上溯过程中的停顿、徘徊、休憩等都构成了折返行为。高能量消耗和生理压力是引发折返行为的内在原因，折返行为也可以作为一种上溯的节能策略。

2. 紊动能

紊流可能是对鱼类游泳路径影响最大的水力因子。紊动强度的变化明显影响鱼类的最大游泳速度和游泳能力。池室紊动过大则会导致鱼类无法辨识水流方向，在上溯过程中会过快消耗体能，最终无法顺利上溯。不同紊动能条件对鱼类运动行为会产生一定影响，低紊动能情况下，鱼类常表现出“紊流吸引”，而周围紊动能较高时，鱼类表现为“紊流回避”。当水流条件的变化具有可预测的时空分量，即流速随时间和空间的波动变化较小时，鱼类会被紊流吸引。如流速的时空变化不可预测，鱼类会避开高紊动区域。当鱼类快速通过高紊动区域时会出现不稳定游泳姿态及不规则的俯仰运动，高紊动区域将破坏鱼类的游泳平衡稳定性，随之产生更高的能量消耗和鱼体机能损耗。此外，不少鱼类利用涡减少肌肉运动行为的研究显示，鱼类能够利用适宜的涡从逆流中获得能量，因此，鱼类对于紊流的反应不仅限于其紊动能的大小，也在于紊流结构相对于鱼体的位置。

3. 紊动强度

鱼类上溯过程中，紊动特性、流速特性对鱼类上溯轨迹均会产生一定影响，紊动强度通常作为评价栖息地是否适宜鱼类生活的一个重要指标。在鱼类生活栖息环境中，鱼类可以通过完善的侧线系统感知躯体周围区域水动态环境的变化，做出顶流或绕行避开等游泳行为。侧线系统帮助鱼类选择对其游动耗能最少的某一紊动强度范围，鱼类喜好在这一范围内顶流前进以减少自身能量消耗或增加捕食的概率。当超出鱼类可感知的紊动强度范围时，鱼类较为敏感，会避开绕行以选择紊动条件较适宜的区域。

2.4.2　声音因子

声音作为一种影响鱼类行为活动的刺激因子，逐渐成为研究热点，特别是人工噪声对鱼类行为影响的研究。船舶的运行和充氧泵等背景噪声对鱼类的影响越来越大，而施工中的打桩、地震空气枪及测量时的声呐等高烈度的噪声使得鱼类等水生动物的应激行为增强。研究表明，长期生活在强噪声环境中的金鱼，其听力损失明显、应激性加重。在低声压情况下，尼罗罗非鱼（*Oreochromis niloticus*）的行为不受影响（Smith et al.，2004），在声压高于听力阈值时，才会对声音做出反应（Hastings et al.，1996）。由于不同的鱼类之间生理结构存在差异，声音对鱼类行为的影响可能不同（Scholik and Yan，2001）。鱼类的集群和迁移等行为也和声音具有一定的响应关系，鱼对某些声音具有偏好（Slotte et al.，2004）。声音特性在实际生产中的一个重大应用就是海洋牧场，即借助音响发出特定的声音来控制鱼类的觅食行为和觅食区域（陈帅 等，2013）。目前声音对鱼类行为的影响研究主要在实验室这种小范围内进行，因此得到的结果和真实的水环境有一定的差异性。在试验装置里，鱼类对于声音无法采取有效的应对措施，因此鱼类对声音的应对行为也无法体现其在自然环境中的表现（Popper and Hastings，2009）。

2.4.3　光因子

鱼类在光的影响下，出现的定向行为称为趋光性，按照靠近光源和远离光源的不同，可以分为正趋光性和负趋光性。鱼类的趋光性不仅受光照颜色的影响，也受鱼的生长阶段的影响。如眼斑拟石首鱼（*Sciaenops ocelletus*）喜欢在蓝光环境中进食，对中强度的橙色和红色呈现出正趋光性；而墨西哥丽脂鲤（*Astyanax mexicanus*）对光具有显著的负趋光性。不同水层的鱼类的趋光性也大不相同，中上层的水生动物大多数对光具有正趋光性，而底栖水生动物表现为负趋光性。这是因为前者长期暴露在光环境下，而后者生活的环境光照不足。不同鱼类的视觉色素细胞具有一定的差异性，因此光照对不同鱼类的影响各异。在包含 4 种不同颜色的光照对鱼类行为影响的试验中，鲤在白光环境下，其体内的血浆皮质醇浓度最高，而出现的应激行为严重程度也最高。此外，光照颜色和光照强度也会对鱼类的摄食行为产生影响，有的表现出促进作用，有的表现为抑制作用。光照对鱼类的集群行为也有较大的影响，这种影响和鱼的种类有关。大多数鱼类在低光照强度下没有集群行为，相反，胭脂鱼（*Myxocyprinus asiaticus*）则在黑暗环境中常常会聚集。综上所述，光对鱼类的行为有影响，选择合适的光照，不仅可以帮助鱼类繁殖和生长，也可以将鱼引诱到指定的区域，可以帮助鱼道、集运鱼船等过鱼设施提升过鱼效果。

2.4.4　电因子

水是一种导电的介质，电流可以在水中传递形成电场，鱼在感受到一定强度的电流作用后会表现出应激反应，如逃离和远离电场。这种异常的反应随电流形式、电流强度及鱼体所处区域的不同而不同（钟为国，1979c）。

适宜强度的电流对鱼行为的影响有限，但是过高的电击可能会产生不同程度的副作用，有的鱼的新陈代谢会在短时间内受到影响，有的鱼的表皮甚至内部的脏器受到伤害，特严重情况下，电击会导致个别鱼死亡，破坏鱼的习性。因此，鱼类保护研究工作者在利用电来诱驱鱼提高鱼道过鱼效果时，必须要考虑上述副作用。

2.4.5　气泡幕因子

气泡幕因子对鱼类的刺激主要是视觉屏障、听觉作用和机械压力振动三者共同作用的效果。气泡在由水底上升到水面的过程中，会产生一道气泡墙或帷幕，对鱼类的正常洄游形成视觉屏障，产生视觉上的刺激，导致鱼类产生躲避反应。听觉作用方面，管中的空气以较快的速度冲出，并与水发生强烈碰撞，小孔周围的水流运动有环流特征。同时，气泡在由下而上的过程中会缓慢膨胀，声波压力在气泡中的规律性变化所造成的气泡中空气振动及气泡露出水面时破裂的声响，都会对鱼类产生影响，起到驱赶和抑制的效果。气体从小孔中高速冲出，产生的气泡在上升过程中对水体产生强烈扰动，致使水压发生变化，产生的机械压力振动被鱼类侧线器官所感觉，这种压力对部分鱼类产生刺激并使其远离气泡幕，从而起到驱赶作用。

2.4.6　底质因子

鱼类行为除了受栖息地中水环境的影响，生境内的底质同样会影响鱼类的行为。底质包含泥土、砂砾、石头、水草等，其组成含量各不相同。因此，鱼类生境的底质有较大差异。这种差异对鱼类的生存、繁殖，以及个体和社会行为产生巨大影响（Garcia et al., 2011）。不同水域的栖息地特征各有特点，鱼类对栖息地底质的偏好性选择研究结果表明，水体底质和流速会影响鱼类对栖息地的偏好行为（陈永进 等，2015）。

生境中底质对鱼类繁殖产卵行为会有较大的影响。不同的鱼类会根据自身特点选择适合产卵的底质，表现出产卵底质偏好。基于这种偏好行为，在渔业中，人们会选择特定的底质来增加产卵率。在繁殖季节，为了吸引雌性产卵，雄性莫桑比克罗非鱼（*Oreochromis mossambicus*）会选择较软的底质筑巢，并驱赶其他雄性罗非鱼，保护筑巢区。多数珊瑚礁鱼类在幼鱼阶段，会长途跋涉到达近岸的珊瑚、红树林栖息地，利用栖息地里面的遮蔽物保护自己，避免被天敌捕食。研究表明，仔稚鱼的分布和丰富度决定了鱼类种群数量和分布，但是仔稚鱼的分布和丰富度主要和产卵场的底质特征有关。因此，可以基于底质结合其他环境因子建立合适的模型，为鱼类及水产资源的保护与开发提供技术支撑。底质作为一个产卵底质受许多因素的影响，其中水生植物的分布可能会改变其可用性和适用性，进而间接影响鱼类栖息地的选择。不同种类的鱼，甚至同一种鱼在不同的生长阶段，底质所提供的作用也会不同。底质会影响鱼类的觅食行为，但是同种底质对鱼类觅食的影响也会不同。三刺鱼（*Gasterosteus aculeatus*）在觅食时，偏好复杂的底质。在墨西哥东南部的奇卡纳卡布（Chichancanab）湖中有 3 种鳉科鱼类，由于它们生存环境中的底质状况不同，所以它们产生了 3 种不同的觅食方式。有研究表明，栖息地的底质不同不仅在鱼类行为上有所体现，也会体现在鱼类生理表现上，在无遮蔽物的底质生活的鲫，其大脑中的单胺类会显著增加，这验证了底质对鱼类行为的影响。

2.4.7 水文水质因子

1. 温度因子

水温是一种随着时间和空间变化的因子，而鱼是变温水生生物，因此水温会直接影响鱼类的生长代谢及生存繁衍。当鱼类感知到当前的水温不适合时会迁移到偏好的水温环境中。低温和高温对鱼类行为的影响各不相同，在低温环境中，鱼类的摄食、呼吸、各种行为会受到抑制，对外界环境刺激的反应速度也会降低；而在高温条件下，鱼的游泳速度会加快，呼吸和代谢会增加。因此，高温和低温都对鱼类的生存不利，只有在适宜的温度下才可以有效保护鱼类。在生理层面，温度变化对鱼类的代谢、液体电解质平衡、酸碱关系的影响更大。为了选择和营造适合鱼类的栖息地生境，学者曾深入研究温度调节对鱼类行为及偏好的作用。在实验室环境下，当给定不同的水温时，鱼会在短期内（约 2 h）移动到一个比较窄的温度范围内，这个温度称为首选温度，也可以称为急性首选温度。经过约 24 h 后，鱼最终会移动到适应温度下，也被称为最适温度。在忽略其他环境因子和营养状况时，生活在最适温度下的鱼类生长速度最快、体重增重率最大。

2. 溶解氧因子

鱼类是靠鳃呼吸的水生动物，借助鱼鳃可以获取水中的溶解氧以进行呼吸作用，因此溶解氧含量对鱼类的生长具有举足轻重的作用。在自然水域环境中，溶解氧含量在水平和垂直方向上会有变化，因此鱼类会回避溶解氧含量低的区域，而当缺氧区域较大或者鱼类无法及时离开时，鱼类就会调整游泳行为和生理指标来适应低氧环境。这种生理适应是通过增加摄取和携带氧气的能力，提高血红细胞数量和血红蛋白含量，并降低代谢需求来实现的。有研究表明，虹鳟（*Oncorhynchus mykiss*）、大西洋鲱（*Clupea harengus*）会增加 11%～39%的游泳速度以远离缺氧的环境，但是如果一直待在缺氧环境中，其会降低游泳速度以节约氧气的消耗。这种行为在罗非鱼上也被观察到（Xu et al.，2006）。为了获取充足的氧气，鱼类会调整其呼吸频率、增大鳃盖伸展幅度（黄国强 等，2013）。

3. 浊度因子

随着人类活动对水体的影响加剧，水体富营养化加强，藻类增多，水体的浊度日益升高，而水体浊度的变化会影响鱼类的生长和分布。例如在欧洲的北海海区和中国长江水系就出现过水体浊度升高的情况（熊易华，2011；Frid et al.，2003）。浊度对鱼类行为的影响是复杂的，它不仅会改变鱼类的生存和偏好行为，也会影响鱼类在栖息地中的分布（Henley et al.，2000）。之所以发生这种现象，是因为浑浊水体会影响鱼类的视觉范围、降低生境质量、干扰鱼类的生理机能（Aksnes et al.，2004）。海水和淡水的浊度水平变化有较大的差异，Aksnes 等（2004）认为，浊度对海洋鱼类的影响主要是阻碍视觉，进而影响其分布及群体间的互动行为、觅食行为和躲避天敌的行为（Ohata et al.，2011；Berg and Northcotet.，1985）。水体浊度和水生生物栖息地的偏好之间具有一定的相关关系。在浑浊的水体中，水母捕食幼鱼的难度会增加，而被捕食鱼类的生存可能性则会升高。对浮游生物食性的水生动物来说，浑浊的环境一方面能降低被肉食性水生动物捕食的概率，另一方面它们本身捕食能力受到的负面影响较少（Robertis et al.，2003）。

4. 盐度因子

盐度是水体中的一个重要水质指标，也是影响鱼类行为的一个重要因子。对于生活在咸、淡水交汇的河口地区的鱼类来说尤为重要，因为这些水体中的盐度变化较大（孔亚珍 等，2011）。而近年来，大坝、航道等水利工程的建设施工，河口的径流量和流向产生了巨大的变化，间接影响了河口盐度变化，导致其对鱼类生存的影响带来更大的不确定性（范中亚 等，2012）。在河口区域，盐度会影响鱼类的种群分布和结构、新陈代谢、生长水平和游泳行为（庄平 等，2012；Bucking et al.，2012；Michalec et al.，2012；Wuenschel et al.，2005；Jung and Houde，2003）。Serrano 等（2010）发现生活在美国佛罗里达州比斯坎湾（Biscayne Bay）的灰笛鲷（*Lutjanus griseus*）的自发游泳速度与水中的盐度变化呈先上升后下降的抛物线关系，而且对盐度为 9‰～23‰表现出偏好，此外这种盐度偏好还和个体及昼夜条件有关。McGaw 等（1999）发现鱼类等水生动物行为和盐度的偏好存在着一定的关系，这种关系受物种类别、生理时期及其他环境因子的影响。然而，有关盐度同其他因子的复合效应的相关研究还不够深入。

5. 氨氮因子

水体中氨氮主要来源是外部环境输入和水体中生物的新陈代谢。当水体中的污染物增加时，其氨氮浓度也会增加，这种现象在高度集成化的现代养殖水体中常常出现。氨氮浓度过高，会对鱼类等水生动物造成严重的应激反应，如出现异常的游泳行为、大范围的逃避行为、不活跃的潜底游泳及呼吸行为减弱，更有甚者可能导致鱼类死亡（Jian et al.，2005）。

目前，氨氮对鱼类影响的研究聚焦在生理生化和毒理等方面，对氨氮是如何影响鱼类行为的研究较少。

2.4.8　生物因子

所谓生物因子是由同类个体、微生物、寄生虫等引起的，包含物种内部、物种之间竞争的影响因子。衡量生物因子作用的指标有很多，生物密度是一个重要指标（张廷军 等，1999）。生物密度的增加，会加剧个体对各种资源的竞争，进而引发生物的生态习性和种群结构组成等的改变。如在高密度环境中，生物的个体和种群行为会发生巨大的改变。个体会变得更加地活跃，其活动频率、游泳速度明显增加，空间活动范围会增加以提高获取食物的概率（衣萌萌 等，2012）。此外，在高密度环境中，个体之间更容易出现领域占有、好斗和相残等情况，进而增加个体的死亡率。这种现象在一些凶猛鱼类和甲壳类中尤为明显。研究表明，不同规格的日本囊对虾（*Penaeus japonicus*）在高密度养殖中发生同类相食的概率是低密度情形下的 2.3～4 倍。这种现象也出现在雪蟹（*Chinopecetes opilio*）有关密度的生物行为研究中（Lovrich and Sainte-marie，1997）。

生物密度和个体的生长、死亡率均呈现明显的负相关，因此生物密度是一种抑制因子。然而，生物因子对个体的影响是极其复杂的，会随着生物种类的不同而不同。在高密度养殖情况下，花鲈（*Lateolabrax japonicus*）可能会出现明显的摄食集群行为，而这种现象在其他物种中并不明显。当生物密度达到临界值后，生物个体会迅速从无序过渡到有序、进行有组织的集群行为（Makris et al.，2009）。其背后的原因是集群行为存在优越性，鱼类集群以后会更容易躲避捕食者、获得较高的游泳效率，这些都有利于个体或种群的生长与生存（胡文革和刘新成，2001；胡鹤永，1988）。而 Garcia 等（2013）发现，当尼罗罗非鱼的养殖密度从 415 尾/m^3 减少到 130 尾/m^3 时，其生长性能更高。这是因为在低养殖密度中，水体的溶解氧含量增加，且鱼体染病的概率也降低。综上所述，鱼类等水生动物的种间、种内的相互影响具有不确定性、复杂性，需要深入地研究。

第3章 水流诱鱼技术对鱼类的行为响应

3.1 引　　言

适宜的水流流态能有效应用于诱鱼技术上。鱼道进口附近的水流流态易受到河道水流的影响，产生高湍流区，致使鱼类迷失方向（Tan et al.，2022；Andersson et al.，2012）。当鱼道进口流速超过鱼的突进游泳速度时，鱼类无法进入鱼道；而当鱼道进口流速小于鱼的感应流速时，鱼类无法找到鱼道进口。基于此，本章将详细介绍水流在诱鱼技术上的应用，分析影响水流诱鱼的关键因素，并通过实际工程案例进行效果评估，以期为水流诱鱼技术的应用发展提供技术参考。

3.2 水流诱鱼技术的研究现状

目前，国内外公认最经济有效的诱鱼方法是在鱼道进口形成诱鱼水流，利用鱼类趋流性将其吸引至鱼道，这种利用鱼类对流场的感应而引发的接近行为被称为水流诱鱼技术（Baek et al.，2015；Green et al.，2011）。鱼道的诱鱼水流包括从鱼道进口流入内部的流量（称为鱼道基流）和鱼道辅助吸引流（金志军 等，2019）。鱼类通过明显的、区别于河流的诱鱼水流条件能够更为顺利地找到鱼道进口（谭红林 等，2021；Andersson et al.，2012；史斌 等，2011；Bunt，2001）。水流诱鱼是当前国内的主流诱鱼手段。

国内许多学者已对水流诱鱼做了大量研究，研究表明改善水流诱鱼条件，能够有效提升鱼道过鱼效果（王岑 等，2020；陈海燕 等，2019；郑铁刚 等，2018；曹刚，2009）。当进出口水流方向与主河道方向形成一定夹角时，河道中电站尾水出流与鱼道进口水流存在明显区别，鱼类能够在上溯时更准确地找到鱼道进口。目前国内许多鱼道工程为使鱼道进口水流更加明显，在进口结构上进行优化，更易于鱼类识别。龚丽等（2016）分析进口水流对草鱼上溯行为的影响时发现，当环境流速为 0.3 m/s 时，鱼道进口的诱鱼效果最好。Green 等（2011）利用粒子图像测速技术结合室内模型开展相关研究，发现增加进口诱鱼水流的影响范围可有效提高对鱼类的吸引率。Andersson 等（2012）借助计算流体动力学（computational fluid dynamics，CFD）数值模拟手段对鱼道进口下游流场进行模拟，认为在靠近尾水附近的激流诱鱼效果更强。谭红林等（2021）研究分析进口流态对鱼类的洄游影响，采取有效的工程措施对进口流态进行改善，将适宜上溯区域进行延伸、扩宽甚至优化，加强鱼道进口的诱鱼效果。

3.3　水流诱鱼的关键技术

水流诱鱼作为最原始也是最切实有效的一种诱鱼方式，其关键在于控制鱼道进口水流条件，达到形成明显的吸引流、区别流或其他适宜鱼类上溯的水流条件。吸引流顾名思义能够吸引鱼类靠近，完成上溯行为，一般要求其流速大于鱼类的感应流速，为了保证鱼道进口具有良好的诱鱼作用，鱼道进口流速应介于感应流速与临界游泳速度之间，且不能超过目标鱼类的突进游泳速度。进口水流还需要尽可能适应不同季节水位变化的需求，张辉等（2013）采用人字闸门控制下游水位，适应于不同河道水位变幅，以创造出更有效的吸引流；区别流是指鱼道进口诱鱼水流与河道主流或者电站尾水之间存在明显区别，鱼类通过识别流速差异信息，找到鱼道进口水流完成上溯。为了使鱼类能够更高效地找到并进入鱼道进口，以下工程措施被应用于鱼道进口水流条件优化中：①改变鱼道进口诱鱼水流方向，使其与河道主流呈一定夹角，改善诱鱼效果；②将鱼道进口结构设计成收缩状，以增加出流流速；③设置导流墙或隔水墙引导诱鱼水流，形成明确的区别流，供鱼类进行快速识别。

为保证鱼类顺利到达鱼道进口，鱼道进口附近不应存在回流、水跃和大尺度的涡，防止鱼类迷失方向。谢春航等（2017）通过物理模型及数值模拟（Flow-3D）相结合的方式对两种不同鱼道进口布置方式进行了研究，分析两种布置方式下下游水域的诱鱼效果，得出利用导流墙的导流作用，河流下游区域存在更大面积的低流速区域易于鱼类识别，同时更大面积的低流速区域便于鱼类上溯过程中休息及较小紊动能使鱼类上溯过程中消耗的能量会较小，更有利于鱼类找到鱼道进口的结论；吴震等（2019）以异齿裂腹鱼为研究对象，通过数值模拟计算得到流速、紊动能和应变率空间分布特征，发现鱼类在高流速、低紊动能区域会发生鱼类折返行为；罗凯强等（2019）通过数值模拟结合鱼类上溯轨迹图分析，将鱼道特定补水工况下试验水槽速度和紊动能与鱼类运动轨迹叠加，发现齐口裂腹鱼在上溯过程中明显逃离高紊动能区；Silva 等（2011）通过数值模拟量化水流速度、紊动能和雷诺应力，表明当涡的尺度大于博氏亮鲃（*Luciobarbus bocagei*）的体长时，博氏亮鲃会迷失方向甚至受伤。

以上研究表明，现阶段大量研究是基于数值模拟和过鱼目标的游泳能力分析鱼道进口处相关水力学指标范围，进而预测鱼类上溯路径（Chen et al.，2019；廖伯文 等，2018；汤荆燕 等，2013；Lindberg et al.，2013），仅少量研究进行了放鱼验证性试验，但也是在缩小比例的水工模型上进行的试验。由于试验目标鱼类无法进行缩小，目前结合鱼类行为学和水力学的研究较少。鱼道进口位置布置合理与否关乎其能否成功吸引到鱼类。大量文献仅研究流速、紊动能等个别因子对鱼类上溯的影响，而影响鱼道进口的水力学指标是复杂的，对例如雷诺数、弗劳德数、应变率、紊动耗散率等相关水力因子缺乏详细的研究（Tan et al.，2019）。针对上述问题，未来可从以下方面入手：加强放鱼试验，特别是原型中的放鱼试验研究，监测相关水力学指标；加强流域内鱼类资源调查，以期获取更加准确的鱼类行为学指标，并应用于鱼道进口设计；充分考虑进口水力学与鱼类行为学之间的联系，以期对不同鱼道进口形式作出科学客观的评价。

3.4　水流诱鱼技术在过鱼设施中的应用

3.4.1　应用现状

作为确定鱼类运动方式的主要因子之一，水流的诱鱼应用已较为成熟，现有过鱼设施大都采用水流诱导鱼类进入集运鱼系统、鱼闸和鱼道等过鱼设施。水流诱鱼主要表现在鱼类对水流的响应，即鱼类会根据水流方向和大小及时调整自身的运动方向和游泳力度，使自身在某一位置保持逆流状态，一般将感应流速、喜好流速和极限流速作为鱼类对水流响应的衡量指标。感应流速为鱼类能感应到水流的最小流速，喜好流速为鱼类最喜欢和最适合上溯的流速，极限流速为鱼类上溯所能克服的最大流速。不同鱼类的感应流速、喜好流速和极限流速均不相同，水流诱鱼的应用根据目标诱导鱼类 3 种流速的测量数据综合讨论布置，使其能够产生最为有效的水流对目标鱼类进行诱导。

国内在过鱼设施研究设计初期，缺乏对鱼类行为学基础数据的收集，盲目照搬国外设计方式，未能与国内实际相结合，导致当时大部分过鱼设施效果不佳，研究积极性较低，对过鱼设施的建设逐渐停滞。20 世纪 80 年代以来才继续对过鱼设施开展相关研究，并同步开展对鱼类行为学方面的研究。赵希坤和韩桢锷（1980）通过鲤、鲫、鳞、草鱼、梭鱼等鱼类克服流速能力试验得出，试验各鱼的感应流速多在 0.2 m/s 左右，喜好流速为 0.3～0.8 m/s，极限流速差异较大；杜浩等（2010）在天然河道内对鱼类的流速选择开展相关研究，得出比室内试验更加准确有效的数据结论；王博等（2013）研究测定了北盘江两种鱼类的感应流速；李小荣（2012）对云南华鲮和白鱼在不同水流速度下的响应情况展开相关研究；宋波澜（2008）研究了水流因子对红鳍银的影响；李丹等（2008）研究了流速对杂交鲟和罗非鱼幼鱼的影响。从研究内容中可以看出，研究对象精确到种，甚至鱼类生长期，不同鱼类的感应流速、喜好流速和极限流速均不相同，因此需要对目标鱼类行为学做出细致的研究，才能确保过鱼设施对目标鱼类的效果。

水流诱鱼技术作为主要的诱鱼方法，一直伴随着各种过鱼设施的发展不断进步，为了有效提高鱼道进口的通过效率，过鱼设施的进口往往设置有配套的补水设计，希望通过补水控制鱼道进口水流流态，吸引鱼类靠近，国内外有很多补水设计工程实例。以竖缝式鱼道为例，由于池室间竖缝处的流速不能超过鱼类的突进游泳速度（曹庆磊 等，2010），鱼道的整体流量受到限制，鱼道进口流速低，需要修建相应的补水设施。藏木鱼道设计初期，鱼道进口流速最大为 0.62 m/s，远远达不到诱鱼水流流速。在后期加入进口内部侧面补水设计，取得较好的诱鱼效果。加拿大塞顿大坝起初为了增加鱼道过鱼效率，对鱼道进口进行补水增流，虽然提高了过鱼效率，但是过高的流速也导致了鱼类死亡率的增加。而将流量引入到旁道的位置时，研究发现不仅可以提高鱼道过鱼效率而且不会增加鱼类上溯的死亡率。

3.4.2　案例分析

1. 工程概况

藏木水电站采用竖缝式鱼道，鱼道全长 3 621.388 m，在尾水渠部分共设有 3 个鱼道进口，1 号进口位于电站尾水渠左侧，2 号和 3 号进口位于尾水渠右、左两侧的导墙处，图 3.1 是藏木鱼道进口原型示意图，其中电站尾水会对藏木鱼道 2 号和 3 号进口产生较大影响，补水对 2 号和 3 号进口效果有限，因此本书对藏木鱼道 1 号进口进行补水优化设计。

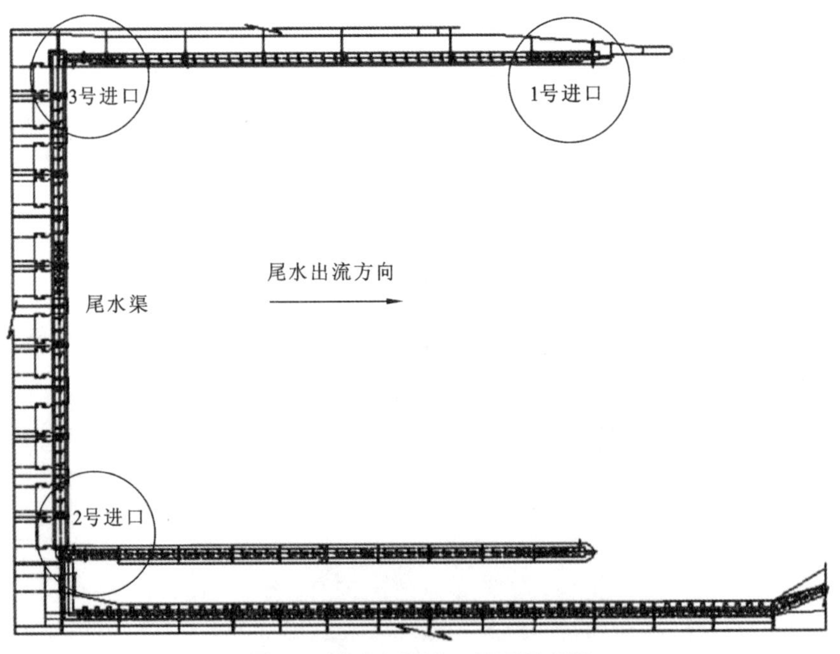

图 3.1　藏木鱼道进口原型示意图

2. 补水试验研究

鱼类上溯受到多种水力因子影响，开展关于鱼类上溯对不同水力因子的偏好研究至关重要，其中流速对鱼类上溯影响的研究最为广泛。本书采用将试验流场云图与鱼类上溯轨迹相结合的方式，分析鱼类上溯的偏好流速及补水布置方式，并对实际工程藏木水电站的鱼道补水进行优化设计。藏木鱼道模型装置如图 3.2 所示。

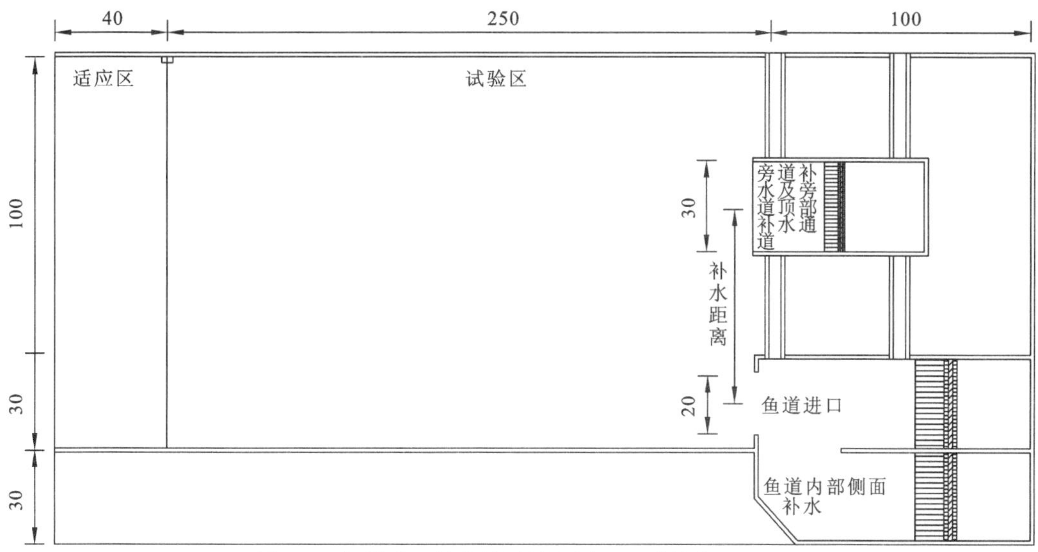

图 3.2　鱼道进口补水装置俯视图（尺寸单位：cm）

本次试验鱼为四川两河口水电站主要过鱼对象齐口裂腹鱼。齐口裂腹鱼是我国长江上游特有的冷水性鱼类，也是四川省级保护动物。齐口裂腹鱼捕获于两河口水电站坝下 4 km 处河段。放置在直径为 2.5 m 的圆形水槽里采用循环水暂养，期间持续供氧，保持水温（15±1）℃，试验前 2 天停止喂食。齐口裂腹鱼体长为（26.03±4.34）cm，体重（259.4±90.6）g（图 3.3）。

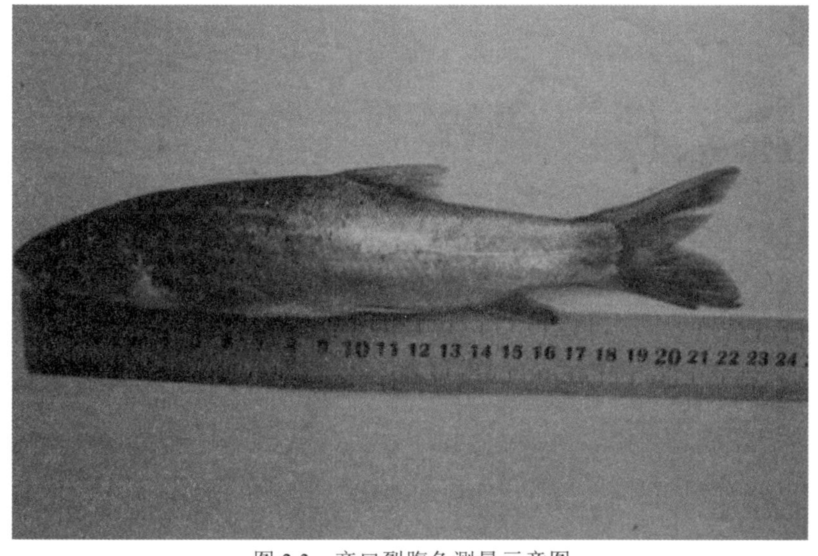

图 3.3　齐口裂腹鱼测量示意图

要分析鱼类在鱼道进口流态改变后的行为反应，研究不同补水方式对鱼类上溯的影响，就必须知道鱼类上溯过程中的具体定位信息。本研究采用 Logger Pro 32 软件，标记定位视频数据中鱼类上溯轨迹，提取鱼类从适应区到鱼道进口的上溯轨迹数据。

通过数值模拟结合鱼类上溯轨迹图，得出鱼道无补水和鱼道内部侧面补水工况下流场流速和紊动能等值线云图（图 3.4）。在没有补水情况下，鱼道进口处的流速最大为 0.9 m/s，采用 20 m^3/h 和 40 m^3/h 的补水出水流量时，鱼道进口的流速分别提高到 1.2 m/s 和 1.4 m/s。鱼道进口的流速越高鱼道进口射流会越集中，由于鱼道进口上壁面是墙壁，右边是扩散段，出流会在墙壁一端更集中。鱼道进口产生的紊动能区域主要在鱼道出流的两侧，随着鱼道进口流速的增加，两边紊动能大小也会相应的增加。通过轨迹与流场的耦合可以看出，当鱼道进口流速低于 1.2 m/s 时，大部分鱼类会选择进口两端边壁处低流速的区域通过，但是在进入过程中会避开紊动能较大的地方，鱼类进入鱼道进口会选择水流较为平稳的区域经过。当鱼道进口流速到达 1.4 m/s，鱼类会倾向从没有墙壁的一端进入，其主要原因是墙壁一端流速大的区域增大，鱼类上溯会选择相对轻松的扩散段

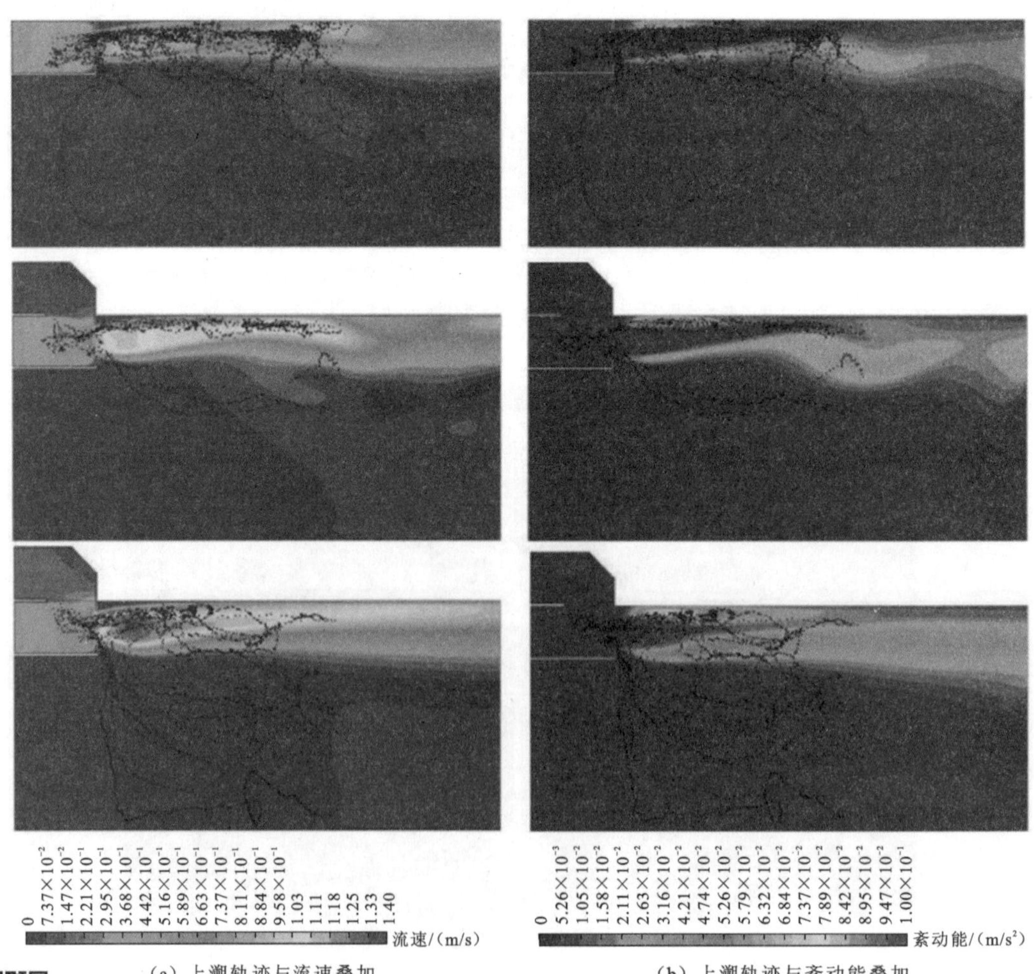

（a）上溯轨迹与流速叠加　　（b）上溯轨迹与紊动能叠加

图 3.4　无补水及鱼道内部侧面补水工况下齐口裂腹鱼上溯轨迹与流速及紊动能（水深平面 Z=0.1 m）分布叠加图

扫一扫，看彩图

的一端进入鱼道进口。从鱼类上溯轨迹可以看出，紊动能和流速依然是鱼类上溯考虑的重要水力因子。鱼类的顶流性决定了流速是吸引鱼类上溯的重要条件，鱼类在上溯过程中会选择鱼道进口两边的低流速进入，在此过程中会避开鱼道进口主流附近的高紊动能区域。

针对藏木鱼道现场情况，设计旁道和旁道顶部补水两种补水方式，当旁道和旁道顶部补水出水流量为 20 m^3/h 时，将鱼类上溯轨迹与流场流速云图相结合。试验中当旁道距离补水进口 30 cm 和 65 cm 时，鱼道进口主流流速会降低。而旁道距离补水进口 100 cm 时，旁道出流会形成单独的吸引流。旁道顶部补水则利用跌水产生较高流速，形成范围更大的吸引流，距离鱼道进口 30 cm 时，旁道顶部补水流速不会受到鱼道进口水流影响，且与进口水流相互作用形成范围更广的诱鱼水流。当旁道和旁道顶部补水出水流量为 40 m^3/h 时，旁道补水方式流速提升，影响范围扩大，作用效果更加明显。其中距离鱼道进口 100 cm 的补水会因为较高流速影响鱼类找到鱼道进口位置。

综合池室流场流速云图与鱼类上溯轨迹图（图 3.5 和图 3.6）可推出：旁道补水形成诱鱼水流可以吸引鱼类上溯，且与鱼道进口的距离也会影响鱼道进口吸引效果，需要合理设置旁道补水流量和布置位置，达到既可以有效吸引鱼类到达鱼道进口，又尽可能扩大吸引范围的目的。

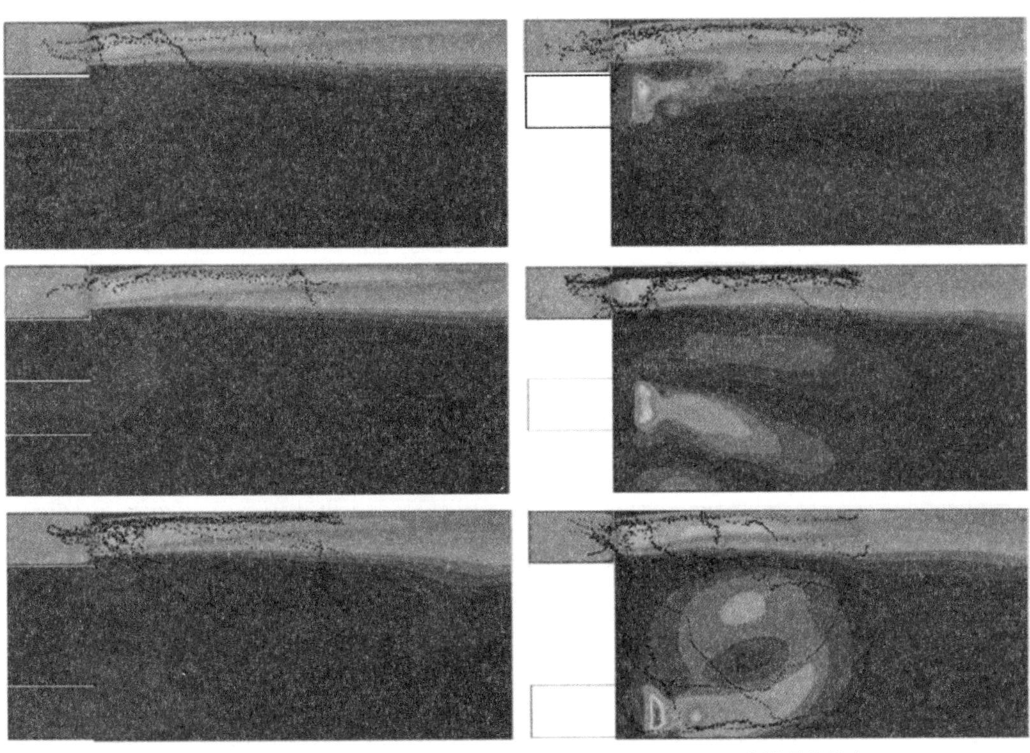

（a）旁道补水　　（b）旁道顶部补水

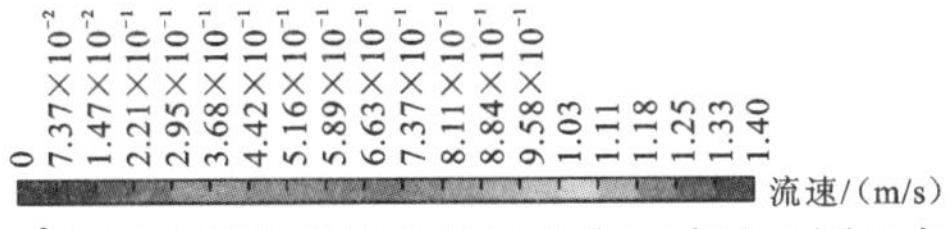

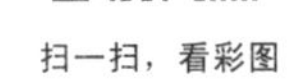

图 3.5　补水出水流量 20 m^3/h 时旁道和旁道顶部补水流场流速云图及鱼类上溯轨迹叠加图

扫一扫，看彩图

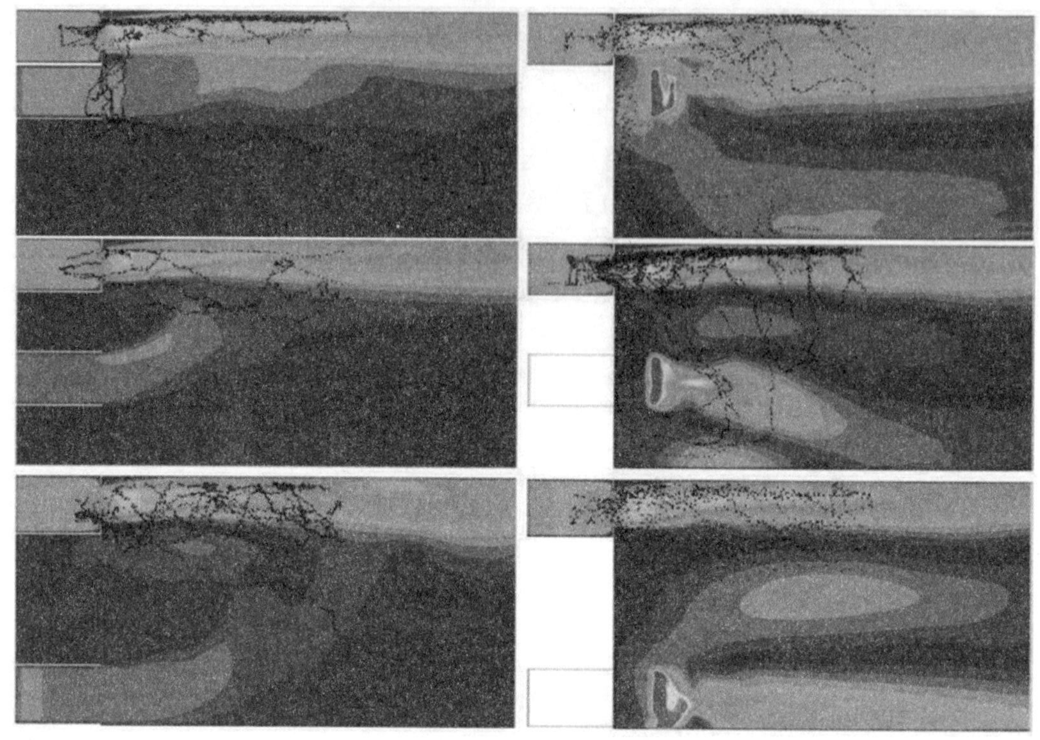

（a）旁道补水　　（b）旁道顶部补水

0
7.37×10^{-2}
1.47×10^{-1}
2.21×10^{-1}
2.95×10^{-1}
3.68×10^{-1}
4.42×10^{-1}
5.16×10^{-1}
5.89×10^{-1}
6.63×10^{-1}
7.37×10^{-1}
8.11×10^{-1}
8.84×10^{-1}
9.58×10^{-1}
1.03
1.11
1.18
1.25
1.33
1.40
流速/(m/s)

扫一扫，看彩图

图 3.6　补水出水流量 40 m^3/h 时旁道和旁道顶部补水流场流速云图及鱼类上溯轨迹叠加图

3. 不同补水形式下鱼道进口通过效率

通过上溯成功率来表征各个补水方式的效果，可以更为直观地显示设计方案的优劣。从图 3.7 可以得到，其中对照组无补水情况的成功率为 55.56%，直接在鱼道内部侧面补水可以略微增加鱼道进口成功率。在补水出水流量为 20 m^3/h 的工况下，旁道补水和旁道顶部补水均能够增加成功率，且距离鱼道进口越远，成功率越高，在距离鱼道进口 100 cm 的工况下旁道补水甚至达到 100%的成功率。当流量继续增加，在补水出水流量为 40 m^3/h 的工况下，两种补水方式在距离鱼道进口 65 cm 处的成功率均低于对照组，距离鱼道进口 30 cm 和距离鱼道进口 100 cm 的成功率高于对照组。

用成功通过次数来反映鱼道进口流态是否利于鱼类上溯，成功通过次数越多，表明补水方式和流量越适合目标鱼类上溯，鱼道进口补水效果越佳。从图 3.8 可以得到，无补水情况（对照组）的成功通过次数为（2.5±2.06）次，成功通过次数最多的是补水出水流量 40 m^3/h 时距离鱼道进口 65 cm 的旁道顶部补水，为（10±2.08）次；其他成功通过次数较高的补水方式为补水出水流量 20 m^3/h 时距离鱼道进口 100 cm 的旁道补水（7.2±1.86）次和距离鱼道进口 65 cm 的旁道顶部补水（7±1.67）次。

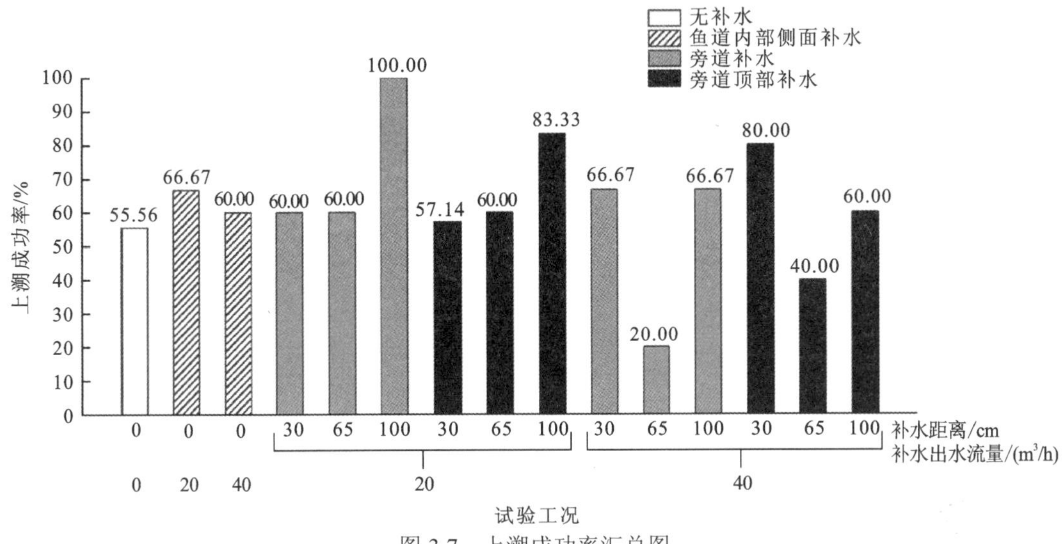

图 3.7　上溯成功率汇总图

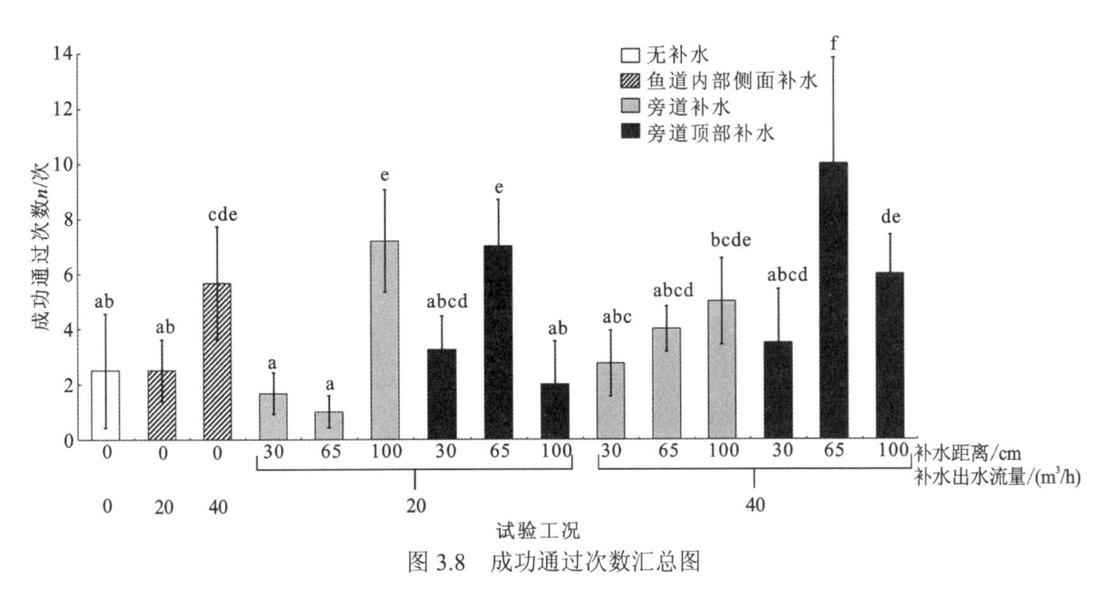

图 3.8　成功通过次数汇总图

不同字母表示不同补水工况下通过次数具有显著性差异（$P<0.05$，P 为实际统计量计算出的显著性水平）

4. 鱼道进口补水形式设计

在对藏木鱼道 1 号进口的补水优化试验中，当补水出水流量为 40 m^3/h 的补水工况时，目标鱼类通过藏木鱼道的次数更多，经研究分析该补水出水流量补水工况下，鱼道进口流速约为 1.2 m/s，因此可考虑在此补水出水流量基础上适当加大补水出水流量，保持鱼道进口流速为 1～1.2 m/s。

旁道顶部补水宜设在鱼道进口周围静水区域，且补水流速应保持在 1 m/s。

旁道补水则应在离鱼道进口较远位置，旨在扩大鱼道进口水流影响范围，且应与鱼道进口流速存在一定流速差，便于鱼类准确找到鱼道进口（补水距离建议见图 3.9）。

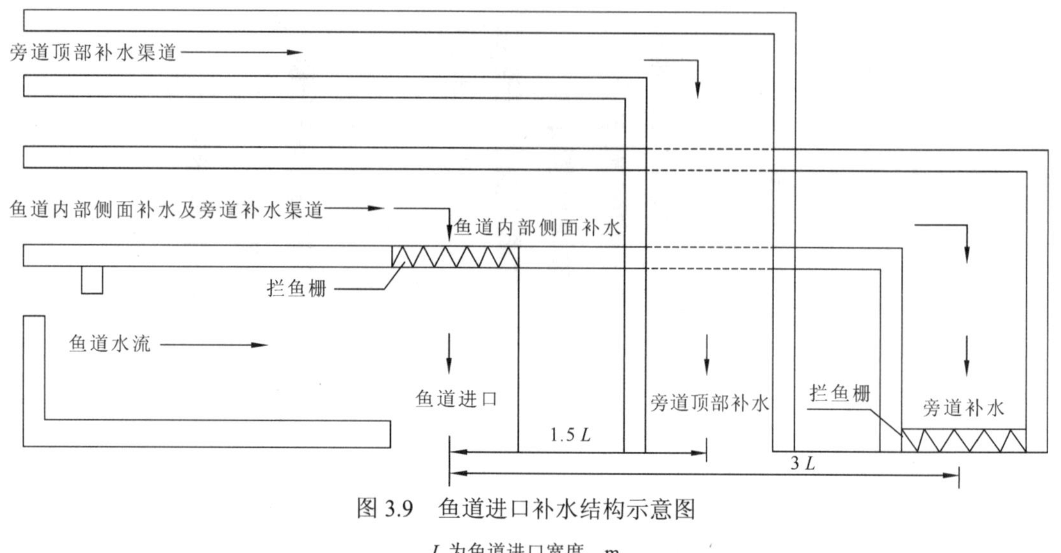

图 3.9　鱼道进口补水结构示意图

L 为鱼道进口宽度，m

第 4 章　声音诱驱鱼技术对鱼类的行为响应

4.1 引　　言

声音，即物体振动所发出的声波，是一种波动现象，它通过介质（空气或固体、液体）进行传播，可为人类或动物听觉器官所察觉。鱼类对特殊声音的行为反应根据鱼类的不同而有很大差异。声压水平、频率、连续或间歇的声音等声音参数，也影响鱼类的行为。水下声波既可用于诱鱼也可用于驱鱼，其关键技术是要精确地把握能够在水下起到诱驱鱼效果的声音波形、尺寸及频率。

4.2 声音诱驱鱼技术的研究现状

声音诱驱鱼技术研究目前大多是在室内试验，由于并不是所有鱼类对声音都会产生反应，声音诱驱鱼技术的研究大多停留在了解鱼类的听力阈值等方面。学者利用天敌声来防止入侵鱼种的入侵，利用摄食声等来进行水产养殖，提高鱼类的索饵率。也有学者利用短吻鳄（*Osteolaemus tetraspis*）的声音来驱赶鲤科鱼类，并取得了一定的效果。近些年，研究人员开始进行声音导鱼研究，期望利用声音实现驱鱼或者诱鱼（Nestler and Ploskey，1996；Loeffelman et al.，1991；Myberg et al.，1976）。

4.3 声音诱驱鱼的关键技术

声音诱驱鱼的关键是找到目标鱼类敏感的声音，再以某种独特的方式使其在水中产生一定尺寸和频率的声音，从而达到诱驱鱼的目的（邢彬彬 等，2009；Klinect et al.，1992）。要解决的难点归纳起来主要有以下两个方面：①如何选择声音的波形、尺寸和频率；②怎样让声音发出有效的水下声波。

在解决这两个困难之后，就可通过播放鱼害怕的声音来驱鱼、播放鱼喜爱的声音来诱集鱼。图 4.1 归纳总结了为达到上述目标所需进行的研究。

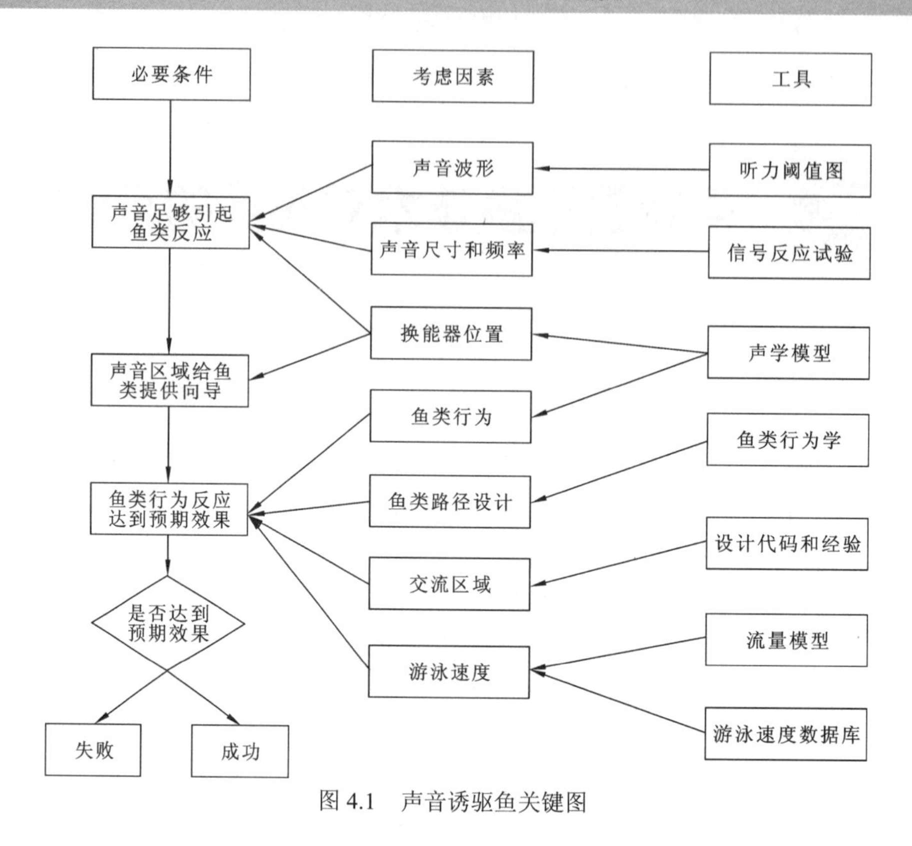

图 4.1　声音诱驱鱼关键图

4.3.1　声音诱驱鱼的原理

鱼类具有听觉系统，由内耳、侧线、气鳔等器官所构成（刘志雄 等，2019）。声音诱驱鱼是指选择适当的声音，再通过一些特殊的方法使这一声音能在水中产生一定尺寸、频率的声音，通过鱼类的听觉系统综合地感受水体或声波的振动，从而达到诱驱鱼效果。声音诱驱鱼技术对保护鱼类有重要的实际价值和意义。

1. 内耳

鱼类没有外耳，只有内耳。内耳由半规管（3 个）、壶腹和耳石器官等构成，其中耳石器官由椭圆囊、球状囊和听囊构成。一般认为球状囊是鱼类听觉器官的重要组成部分，能感受相对宽广的频率，而听囊只能感受低频音（Fay and Popper，1980）。

2. 侧线

侧线是能使鱼类感受外界水流压力、低频振动、温度变化等刺激的感觉器官（申钧，1983），侧线能感受到的低频振动为 10～150 Hz，最小适宜频率为 50～100 Hz。

3. 气鳔

气鳔主要用于调节鱼体的比重和沉浮性，还能加强对声音的敏感性。有些鱼类的气鳔还能进行气体交换（Sand and Enger，1973）。一般认为所有鱼类都能感受到声音的粒子运动，而骨鳔鱼类的气鳔有特殊的听小骨（即韦伯氏器）与内耳中的耳石器官相连，使气鳔如同“共鸣箱”或“共振器”一样，起增强声波振动作用。因此，骨鳔鱼类除了能感受声音的粒子运动以外，还能感受到声压（Fay and Popper，1980）。

4.3.2　鱼类声音信号的采集

绝大部分鱼类所产生的声音，都不能被人耳直接听见。对这些听不见的声音，当人们尚未了解它们的波形特点时，就不可能通过计算机直接进行合成。在进行诱驱鱼试验时，若利用鱼类同伴或异性声音诱捕鱼类，利用鱼类天敌声音驱赶鱼类，就能取得更好的试验结果，有利于声音诱驱鱼试验研究工作的长期开展。但是，由于不能使鱼类在一定时间、一定地点发声，鱼类发出的大部分声音人耳听不到，环境噪声又会干扰对鱼类声音的检测，所以如何收集鱼类声音信号这一问题急需解决。

在一般情况下，普通的水听器难以捕捉到所需的鱼类声音，因此需要使用一种特殊的装置来探测这些声音信号。针对鱼声信号检测系统，崔秀华等（2012）提出了一项重要的研究思路，即利用计算机模拟技术生成鱼类声音的时域波形图，以实现声音的精准检测。利用声学传感器采集声波并将其转换为数字声音信号，再对该信号进行分析处理以得到鱼类的运动信息，从而达到对鱼运动情况实时监测的目的。Sprague（2000）研究发现鱼鳔发声信号是由声肌神经收缩与鱼鳔阻尼共振共同作用所决定，前一项决定了波形的上升振荡过程，而后一项则决定了随后振荡衰减的演变轨迹。Rosenberg（1971）在研究声门脉冲的形状对语音质量的影响时，提出了用分段函数合成的脉冲来代替自然声门脉冲的思路，类似于声门脉冲的合成方法，在分析成鱼单个声音脉冲信号时，将最大振幅之前的振荡上升部分称为 part1，随后的振荡衰减部分称为 part2。这种基于声学特性的分段线性叠加法可以很好地解释鱼类不同阶段的行为特征与发音机理之间的关系。根据该原理，魏翀等（2013）提出采用分段指数正弦振荡函数来合成大黄鱼所产生的声音信号。

4.3.3　鱼类声音信号的数字化处理

声音的模拟信号可以通过声音采集装置利用话筒将声音信号转化为数字声音信号，从而实现采集。在此介绍一种利用水下声学传感器对鱼类进行监测的方法，并给出具体试验结果。为了将模拟声音信号转化为数字声音信号，必须经历两个步骤：一是进行采样；二是进行量化，以获得时间和幅度上均离散的数字声音信号。传统方法是使用理想滤波器对原始音频信号进行处理，但该算法存在一定局限性。根据贾中云等（2012）提出的采样定理，当采样频率超过信号的两倍带宽时，采样过程不会导致信息的丢失，而通过使用理想滤波器，可以在不失真的情况下从采样信号中还原出原始音频信号的波形。由于噪声会影响数字声音信号质量，所以要对数字声音信号进行处理。在数字化处理声音信号之前，必须进行一系列的防混叠处理，其中包括将声音信号转换为数字声音信号的防混叠滤波器，该滤波器能够有效地抑制输入信号中频率超过 0～1/2 的所有分量（即采样频率），从而避免混叠干扰的发生；另外一个功能就是把噪声滤除并还原出真实的声音信号，从而得到纯净的音频数据。模数变换（即 A/D 变换）包括取样、量化和编码，其作用是把连续声音信号转为时间和幅度都是离散的数字声音信号。声音的数字化处理过程如图 4.2 所示。

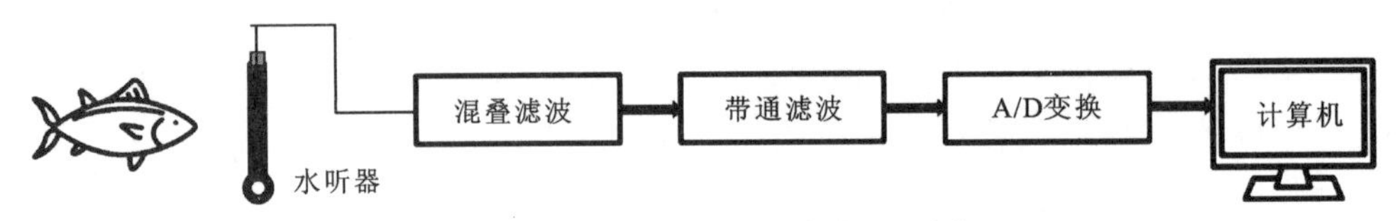

图 4.2　鱼类声音信号数字化处理图

数字化后的声音信号会被有序地存储到一个数据区，并在处理过程中以帧为单位从该数据区提取数据。通常声音信号处理的帧长取 20 ms（取样频率 11 kHz，等于每 1 帧 220 个的采样值），取样过程中前后帧重叠的部分叫作帧移，帧移和帧长之比通常取 0 ～ 1/2。李宏松等（2006）建议，为降低帧起始与结束时信号的不连续性，在获得短时声音信号之后，应对声音信号执行加窗运算，为使频谱中各帧能量更加集中，宜分帧时加窗。窗函数选取会对声音信号效果产生影响，常见的窗口有矩形窗，汉明窗和汉宁窗等。

矩形窗（rectangular window）：

$$w(n)=\begin{cases}1 & (0\leqslant n\leqslant N-1)\\ 0 & (n<0\text{或}n>N-1)\end{cases} \tag{4.1}$$

汉明窗（Hamming window）：

$$w(n)=\begin{cases}0.54-0.46\cos\left(\dfrac{2\pi n}{N-1}\right) & (0\leqslant n\leqslant N-1)\\ 0 & (n<0\text{或}n>N-1)\end{cases} \tag{4.2}$$

汉宁窗（Hanning window）：

$$w(n)=\begin{cases}0.5\left[1-\cos\left(\dfrac{2\pi n}{N-1}\right)\right] & (0\leqslant n\leqslant N-1)\\ 0 & (n<0\text{或}n>N-1)\end{cases} \tag{4.3}$$

式中，n 为窗口的长度；N 为帧的大小；$w(n)$为窗函数。

在声音信号时域分析中，窗函数形状至关重要，尽管矩形窗光滑效果较好，但是易造成波形细节损失，且存在泄漏问题，汉明窗可以有效克服泄漏问题。因此，声音辨认系统中的加窗方式普遍采用汉明窗。

4.3.4　鱼类对声音的趋避行为

声音在鱼类的聚集产卵、求偶互动、领土保护和维持鱼群的凝聚力等方面起到重要作用。鱼类利用自身的听觉系统，对各种声音刺激产生相应的行为反应，称为趋声性

（Wilson et al.，2009；Hawkins，1986）。

朱存良（2007）在鱼类行为生态学研究进展中指出，鱼类的趋声性可分为正趋声性和负趋声性两种类型。正趋声性是指当声音播放后，鱼类会朝向声源移动。例如，最近出现的“声诱渔业”和“海洋牧场”就是利用了鱼类的正趋声性特点。负趋声性则表现为鱼类在声音刺激下会向避开声源的方向游动。研究者通常利用鱼类的负趋声性来阻挡、驱赶鱼群。需要指出的是，并非所有鱼类都表现出正趋声性或负趋声性，有些鱼类对声音刺激的反应非常迟钝，甚至没有反应，表现为中性反应。张国胜等（2012）通过使用 300 Hz 脉冲音对许氏平鲉（*Sebastes schlegelii*）幼鱼进行诱集试验，研究了在 300 Hz 脉冲波断续音刺激下许氏平鲉幼鱼的诱集效果。试验结果表明，300 Hz 脉冲音对许氏平鲉幼鱼具有显著的诱集作用。张沛东等（2005）研究了鲤和草鱼在声音刺激下对八字门装置的行为反应。试验结果表明，在声音刺激下，这两种鱼对 400 Hz 正弦波连续音的刺激反应敏感，并且它们通过八字门装置的频率非常高，这说明声音对鲤和草鱼具有显著的诱集作用。Taft 等（1995）进行了声音驱赶鱼类的试验研究，结果显示频率为 150～200 Hz 的声音可以明显地驱赶鱼类。由此可见，不同鱼类对声音的行为反应不同。

不同鱼类对声音表现出不同的趋避行为。举例来说，当在水中敲击铁链时，比目鱼（*Paralichthys olivaceus*）会从海底游向声源，而鲟则不喜欢这种声音，会远离。一般认为，鱼类对同类的游泳声、摄食声和异性的求偶声表现出正趋声性，而对同类的负伤声和逃避声、外敌的摄食声和游泳声、渔船及渔具发出的异常声表现出负趋声性。这种反应规律在鱼类的索饵、生殖和防御等行为中具有一定的生物学意义。何大仁和蔡厚才（1998）在鱼类行为学研究中指出，与频率和强度持续不变的声音相比，鱼类对频率和强度不断变化的声音反应更强烈。张沛东等（2005）的研究发现，接受音响驯化的鲤和草鱼对频率和强度不变的声音刺激适应迅速，长期处于这种声场中的鱼类听力会显著下降，对这种声音最终会呈现中性反应，即使一开始表现出正趋声性或负趋声性的反应。此外，声音必须达到一定的强度阈值才会引起新的反应，声音强度越大，反应也越强烈。声音导鱼的目标是通过声音影响鱼类的行为，因此需要了解鱼类趋避行为对声音的响应关系。Hawkins（1986）通过试验证明，鱼类对不同频率的声音有不同的行为反应。Nestler 和 Ploskey（1996）研究了鲱对声音频率和声音强度的反应，当声音强度为 160～175 dB、频率为 100～1 000 Hz 时，鲱的惊吓反应时间很短；而当声音强度为 187～200 dB、频率为 1.246×10^5～1.309×10^5 Hz 时，鲱会在 60 m 之外逃离声源，持续时间长达 1 h。试验结果表明声音的强度和频率对鱼类的趋避行为产生影响。因此，了解鱼类趋避行为对声音的响应关系是实现声音导鱼的关键环节之一。鱼类行为与声音之间的响应关系仍需要进一步研究，声音导鱼的实践应用也有提升的空间。

鱼类能听到的声音取决于声音的强度和频率，不同强度和频率的声音对鱼类的刺激效果不同，因此需要通过不断的试验来确定鱼类的听力阈值图。Wysocki 等（2007）研究了虹鳟的听力，发现虹鳟对声音强度的敏感阈值为 116 dB。蔡亚能（1978）介绍了一种测量鱼类听觉的方法：首先对鱼进行手术，将 0.5 mm 的银丝电极植入鱼的脑与球状囊之间的球状囊感觉上皮处，然后将鱼放置在水下一定深度，将插入的电极与水下差分放大器连接，最后，利用水下放置的扬声器播放不同频率和强度的声音，鱼类的听觉反应经过水下差分放大器放大后显示在双线示波器上，根据显示的微电位大小可以了解鱼对特定声音的听力能力，通过数据统计得出鱼类的听力阈值图。得到鱼类的听力阈值图后，可以了解鱼类最敏感的声音强度和频率范围。在驱鱼和诱鱼时，可以确保播放的声音位于鱼类听觉敏感区域，从而有效提高实践应用的成功率。

4.4 声音导鱼在过鱼设施中的应用

4.4.1 应用现状

为了保护养殖鱼类免受海狮、海豹等哺乳动物的捕食，部分学者尝试在养鱼场周边布设声学威慑系统来驱赶哺乳动物。Götz 和 Janik（2015）在苏格兰西海岸对养鱼场外围的声学威慑系统阻拦海豹等哺乳动物的效果进行了为期 2 个月的研究，该研究通过选择让海豹近距离地靠近扬声器来使其具有惊吓反应，由于鼠海豚的听力敏感性比海豹的低，该威慑系统由 200 ms、2～3 倍频带、峰值频率为 950～1 000 Hz 的噪声脉冲组成。结果表明，与无声音暴露的对照组相比，声音暴露时，海豹的数量在距离声学威慑系统 250 m 之内减少了约 91%，并且该现象主要是由于声音暴露的影响，而鱼对声音无适应性。与海豹相比，在每一个距离范围内，鼠海豚组的数量没有变化，声音暴露并未影响鼠海豚与声学威慑系统的距离。该数据证明，惊吓反应的方法可以被用来选择性地驱赶海豹，而对鼠海豚没有影响，这表明不同鱼类所敏感的声音不同。另外，通过监测食肉动物对养殖鱼类的捕食率来评估声学威慑系统的有效性，即通过发射能使目标鱼类产生逃避反应的有线宽带脉冲声音，形成声学威慑系统。在鲑鱼养殖场部署声学威慑系统，并监测海豹对鱼类的捕食数据。监测结果显示，无声音威慑的养殖点具有较高的被捕食率。广义线性模型显示声音暴露使得测试点内的鲑鱼被捕食率大幅降低，减少了 91%的损失。当将测试点与两个控制点相比较时，减少了 97%的损失。而鼠海豚和水獭在养殖场周围的分布不受声音暴露的影响。该检测结果表明，可通过调整惊吓刺激的频率组成来阻拦目标物种。

将声学威慑系统应用到实际工程中时，需要设计一个复杂的系统以保证鱼类能高效率地转向。该系统的关键变量包括鱼的种类、背景噪音、水力条件（如进入的速度、游向鱼类通道的吸引力）及音频的设定。

4.4.2 案例分析

裸腹叶须鱼（*Ptychobarbus kaznakovi*）属鲤形目、鲤科、裂腹鱼亚科、叶须鱼属，为长江和澜沧江源头大型鱼类。而拉萨裸裂尻鱼（*Schizopygopsis younghusbandi*）也属于鲤科、裂腹鱼亚科，是一种仅在雅鲁藏布江中游发现的特有物种，是该地区最重要的经济鱼类之一。自 20 世纪 90 年代以来，野生拉萨裸裂尻鱼被过度捕捞。随着中国西部地区的发展，在雅鲁藏布江和澜沧江上建成了一批高坝水电站和引水式水电站，裸腹叶须鱼和拉萨裸裂尻鱼在其整个生命史中可能会遇到多种障碍和引水结构，随着时间的推移，被夹带或撞击的风险可能会增加。此外，引水式水电站引起的河流栖息地的破坏将严重破坏河流生态系统的连续性、完整性和健康性。因此，澜沧江和雅鲁藏布江中游的本土渔业资源显著下降。青藏高原最丰富的鱼类为裂腹鱼亚科鱼类，是特有物种。这些物种生长缓慢、繁殖力低、性成熟晚，非常容易受到过度捕捞和大坝建设等影响，如果裸腹叶须鱼和拉萨裸裂尻鱼的种群数量减少，将难以恢复。因此，裂腹鱼类自然种群的保护已成为人们越来越关注的问题。有效的声学屏障可使鱼类远离声源。裸腹叶须鱼和拉萨裸裂尻鱼都属于骨鳔鱼类，具有韦伯氏器并连接到内耳，与其他鱼类相比，具有韦伯氏器的鱼类具有更低的绝对阈值和更宽的听觉频率范围。因此，声学威慑系统可以用于减少或防止引水时对裸腹叶须鱼和拉萨裸裂尻鱼的夹带或伤害。而草鱼作为中国四大家鱼中的一种，也属于鲤科鱼类，且与裸腹叶须鱼及拉萨裸裂尻鱼一样具有韦伯氏器等听觉系统，但却与裸腹叶须鱼及拉萨裸裂尻鱼具有不同的生活环境。以此三种鱼类作为研究对象可探索出鱼类敏感负趋声的普遍规律。在这里，我们基于实验室来探究船声等人为噪声、短吻鳄吼叫声如何影响鱼类运动行为，并以单频音作为对照。

短吻鳄属于鳄目的短吻鳄科，是许多鱼类的天然捕食者。短吻鳄有一个精密的声学通信系统，包括长距离信号和短距离信号，长距离信号即吼叫声，短距离信号包括嘟嘟声、冒泡声、嘶嘶声、呻吟声、头部拍打声和发牢骚声。已有研究表明，嘶嘶声是短吻鳄的一种短距离信号，主要发生在侵略者、人类或其他短吻鳄过于靠近，特别是靠近雌性短吻鳄保护的巢穴时。尽管有大量关于声信号在社会互动中的作用的报道，但关于声信号对被捕食鱼类行为影响的研究较少。我们预测裸腹叶须鱼、拉萨裸裂尻鱼和草鱼也会对短吻鳄吼叫声表现出负趋声性。为了验证这一假设，同时也为了筛选裸腹叶须鱼、拉萨裸裂尻鱼和草鱼等鱼类的敏感声音，为声音导鱼系统的发展提供进一步的支持，开展了本研究。

1. 噪声对裸腹叶须鱼运动行为影响研究

1）试验对象

试验对象为裸腹叶须鱼，是长江和澜沧江源头大型鱼类。

2）试验装置方法

在 10 m×1 m×1 m 的玻璃纤维水槽（图 4.3）中画上 50 cm×50 cm 的网格线，这样水槽就被划分为 40 个区域。单频音用软件合成分别为 500 Hz、1 000 Hz、1 500 Hz、2 000 Hz、2 500 Hz、3 000 Hz 的负趋声。

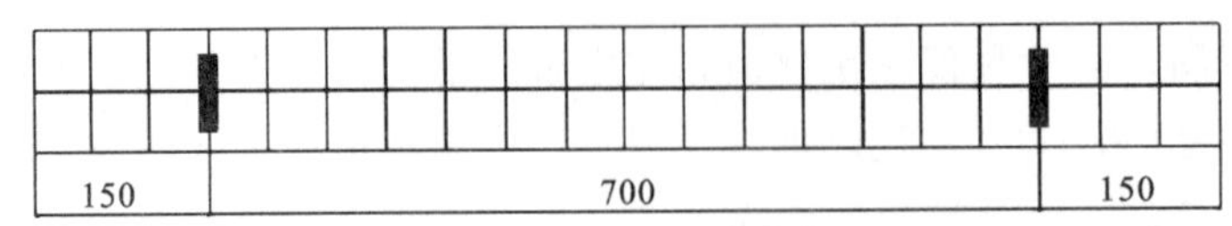

图 4.3　水槽示意图（尺寸单位：mm）

用水听计对可能具有驱鱼效果的声音进行录制。①录制短吻鳄吼叫声。录制地点为重庆鳄鱼中心。录制时，水听计与短吻鳄的距离为 3 m 左右，待短吻鳄吼叫时，在空气中进行录制，录制时间为 60 s，再选取其中有效的部分，用软件对音频进行剪辑，得到一个 4 s 的声音。②录制水下汽艇发动机声音。录制地点为清江隔河岩大坝坝前 1 000 m。录音者站在趸船上，汽艇以 40～45 km/h 的速度，距离趸船 10～15 m 横向驶过，用水听计录制声音 60 s。用软件选取其中一段有效的声音片段，共 30 s。

将鱼类行为定义成：①正趋声反应，播放声音开始 15 s 以内游向声源，并且鱼能从远离声源的一端在 30 s 以内游过水槽中线（5 m 处）。②负趋声反应，播放声音开始 15 s 以内游离声源，并且鱼能从靠近声源的一端在 30 s 以内游过水槽中线（5 m 处）。③中性反应，既不符合正趋声反应，又不符合负趋声反应的反应。④连续反应，如果鱼有负趋声反应，就继续进行声音试验。当鱼游过中线时，一端停止播放声音，另外一端开始播放声音。这样来回交替更换声源位置，记录鱼来回游动次数。如果鱼有 2 次及以上的趋声反应，即为连续反应。

3）试验方法

单频音试验开始前让鱼在试验水槽中适应 2 h 左右。开始试验时，先观察鱼的位置，当鱼靠近一端的水下喇叭时播放一段 30 s 的单频音（500 Hz、1 000 Hz、1 500 Hz、2 000 Hz、2 500 Hz、3 000 Hz），若试验鱼在 15 s 内游离声源并在 30 s 内游过水槽中线（5 m），则记为 1 次反应，并关掉正在播放的水下喇叭，打开另一端的水下喇叭继续播放声音，若鱼继续反应，则如此反复交替更换声源，直到试验结束，试验时间为 5 min。待试验鱼休息 15 min 后，再播放另一种单频音。直到 6 种单频音都播放完毕。单频音试验共用试验鱼 10 尾。

宽频音试验以短吻鳄吼叫声、船声、打桩声等宽频音作为声音刺激，对进行过单频音试验的鱼，进行试验。让鱼休息 15 min 后开始播放一种宽频音，若试验鱼有反应则来回更换声源，直到试验结束，试验时间为 5 min。对其他试验鱼，在试验开始前，先让鱼在试验水槽中适应 2 h 左右，开始试验时，先观察鱼的位置，当鱼靠近一端的水下喇叭时播放一段宽频音，若鱼有反应，则继续放音，直到试验结束。每个宽频音试验结束后让鱼休息 1 h 后再继续播放另一种宽频音。宽频音试验共用试验鱼 30 尾。结果表明试验水槽中的环境噪声为 60～75 dB，对播放的 1 500 Hz 的频音及短吻鳄的吼叫声进行了声场图的绘制，如图 4.4 和图 4.5 所示。

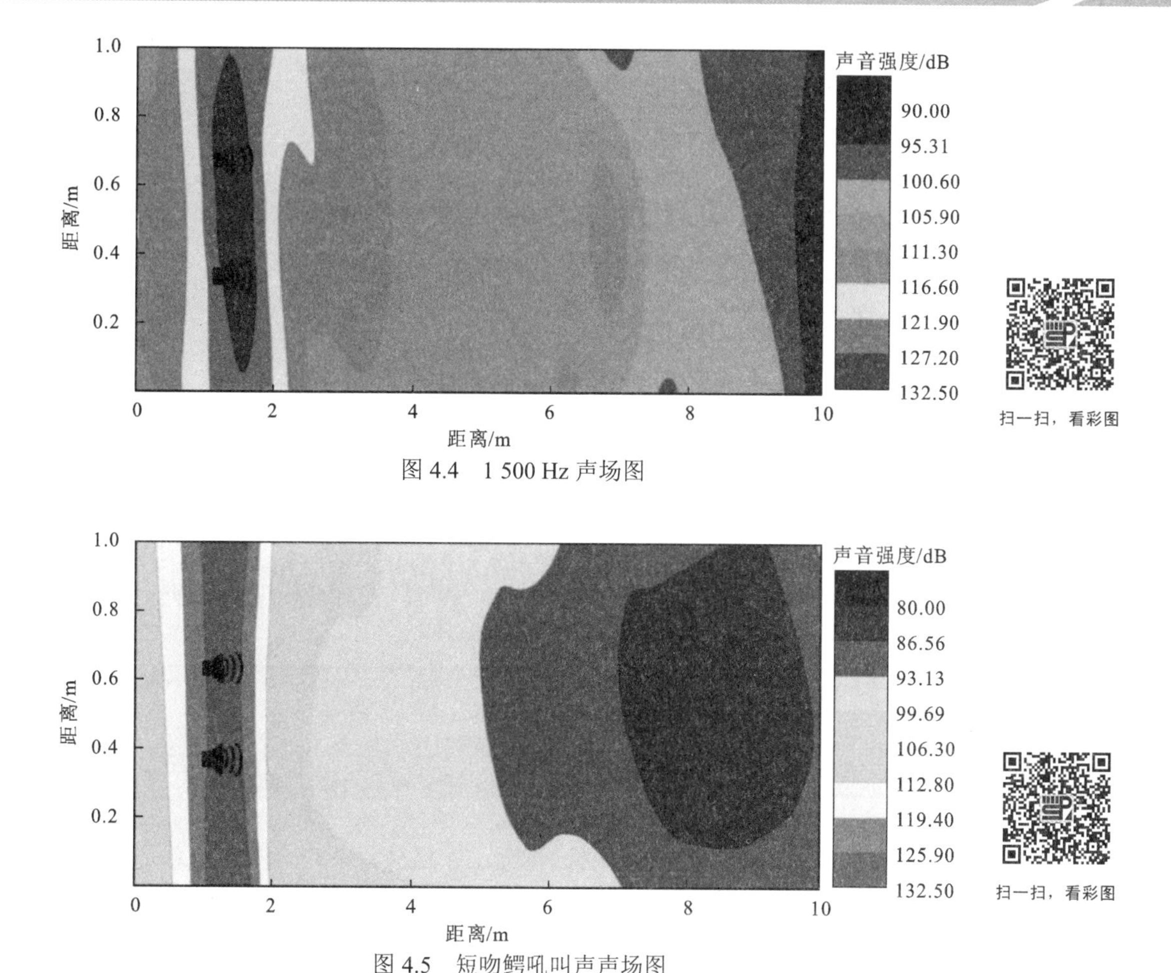

图 4.4　1 500 Hz 声场图

图 4.5　短吻鳄吼叫声声场图

4）试验结果

声音在水槽中都有一定程度的衰减，在播放单频音和短吻鳄吼叫声时，喇叭正前方的声音强度大约为 132 dB，在播放 500 Hz 的单频音时，水槽末端的声音强度为 90 dB，衰减幅度为 42 dB。在播放短吻鳄吼叫声时，水槽末端的声音强度为 80 dB，衰减幅度为 52 dB。比较播放 1 500 Hz 的单频音和短吻鳄吼叫声的声场图（图 4.4 和图 4.5）可发现，在播放这两种声音时，由于声音的不同，声音在水槽中的衰减幅度有所不同，但两者的声场在水槽中均呈梯级分布。以 1 500 Hz 的单频音和短吻鳄吼叫声为代表，作出声音强度频率图（图 4.6）。所有的单频音在主频率处都有一个狭窄的声音强度峰值，短吻鳄吼叫声的声音频率为 50～5 000 Hz，声音强度的峰值集中在 100～500 Hz。

在不播放声音时，试验鱼在水槽中自由泳，大约每 2 min 游一个来回，或者在水槽中的某一位置静止不动，大多数是在水槽末端。在单频音试验中，大约有 15%的试验鱼在开始播放声音后表现出负趋声性，并无第 2 次反应及连续反应。85%的试验鱼对单频

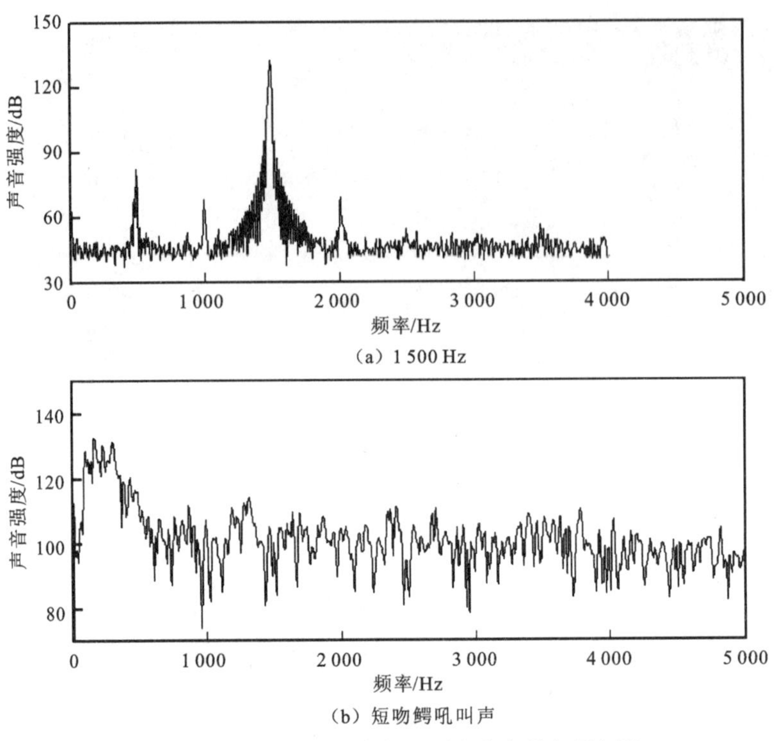

图 4.6　1 500 Hz 与短吻鳄吼叫声声音强度频率图

音没有反应，静止在原地或者游向声源。然而，在播放复杂声音时，鱼总是表现出负趋声性。100%的试验鱼对短吻鳄吼叫声有行为响应，表现为试验鱼沿着水槽来回游动以远离声源。平均每次试验的反应次数为（8.4±0.22）次（范围 7～9）。此外，在播放短吻鳄吼叫声时的平均连续响应次数明显大于（$P<0.01$）单频音试验。

裸腹叶须鱼对单频音及短吻鳄吼叫声的代表性反应曲线如图 4.7 所示，该图反映了试验鱼在试验时间 5 min 内在水槽横向上的位置。空白对照组显示在没有声音刺激的情况下试验鱼在试验过程 5 min 内自由游泳。在播放 500～3 000 Hz 的单频音时，试验鱼的代表性反应曲线与空白对照无明显差异。但是在播放短吻鳄吼叫声时，从图 4.7 可以看出，试验鱼具有明显和连续的负趋声反应（即连续反应），在开始放音后，试验鱼做出第一次负趋声反应，并跳到水下喇叭的后面，在这一端停留了约 30 s 后继续对宽频音刺激作出反应，此外，当宽频音播放近 5 min 时，试验鱼躲在喇叭后面，并不再游出，直到试验结束。

2. 噪声对拉萨裸裂尻鱼运动行为影响研究

1）试验对象

试验对象为拉萨裸裂尻鱼，为鲤形目鲤科裸裂尻鱼属鱼类，分布于西藏雅鲁藏布江等地，是西藏主要经济鱼类之一。

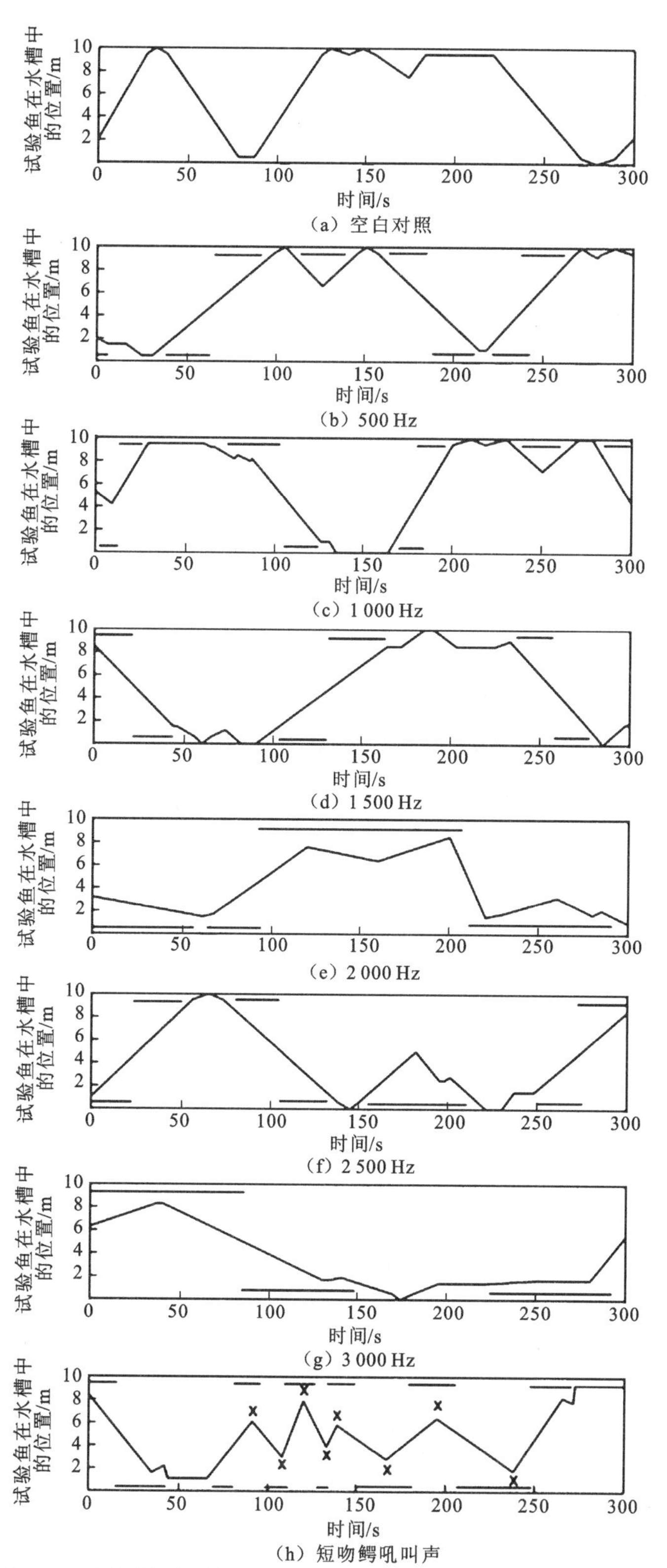

图 4.7　8 尾裸腹叶须鱼分别对单频音及宽频音的代表性反应曲线

2）试验装置

试验装置为 9 m×1 m×1 m 的可拼接玻璃纤维水槽，与裸腹叶须鱼敏感声音筛选试验装置不同的是，本试验在水下喇叭前方距离水槽两端 1 m 的位置放置拦网，即试验区域长 7 m，以防试验鱼游入喇叭后方。

试验鱼取自藏木水电站增殖放流站，为 2 龄幼鱼。试验前，拉萨裸裂尻鱼分批在直径为 2.9 m 的钢化玻璃缸中暂养，试验前进行饥饿暂养 48 h。暂养水取自雅鲁藏布江，水温为（14.6±1.1）℃，全天不间断充氧。选择体表无伤，活性良好的鱼进行试验。

3）试验方法

试验数据处理与方法与 4.4.2 小节第 1 点相同。在进行声场的测量时，将水槽划分为 0.1 m×0.5 m 的网格，在靠近水槽边壁的位置将水槽划分为 0.05 m×0.5 m 的网格，即水槽的每个断面测量 12 个点，共有 18 个断面，总测量 216 个点。测量水深为 22 cm，在播放 1 500 Hz 的单频音时进行测量，测量期间 30 s 的单频音不间断循环播放。然后用软件画出测出的声场图。在使用跟踪软件对录像进行分析时，打点的时间间隔为 1 s，每个视频共打点 600 个，以确定每个时刻试验鱼的位置。对播放的 1 500 Hz 单频音进行了声场图的绘制，如图 4.8 所示。水槽中在喇叭附近有最高声音强度约为 132.5 dB，在水槽末端有最低声音强度约为 95 dB，在整个水槽中声音强度有一定的衰减，衰减幅度约为 37.5 dB。

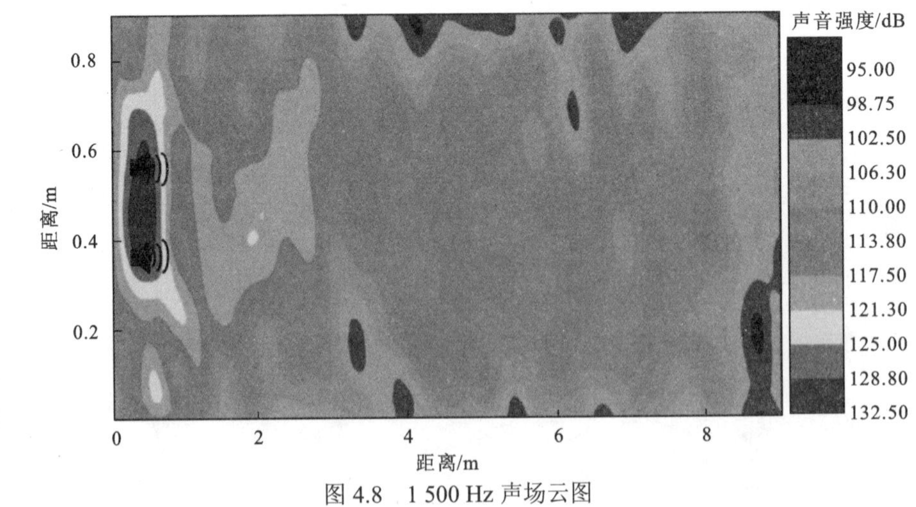

图 4.8　1 500 Hz 声场云图

4）试验结果

在不播放声音时，超过 66%的试验鱼在 10 min 之内游过了水槽中线，多者高达 10 次，低者 1 次，大多数试验鱼喜欢待在拦网处，在拦网附近来回游动。在单频音试验中，约有 30%的试验鱼在开始播放声音后表现出负趋声性，10%的试验鱼具有第 2 次反应及连续反应（图 4.9）。70%的试验鱼对单频音没有反应，静止在原地或者游向声源。所有试验鱼在单频音试验时的来回游动次数与空白对照时无明显差异。然而，在播放复杂声音时，试验鱼总是表现出负趋声性。100%的试验鱼对短吻鳄吼叫声有行为响应，表现为试验鱼沿着水槽来回游动以远离声源。平均每次试验的反应次数为（13.5±1.91）次。此外，在播放短吻鳄吼叫声时的平均连续响应的次数明显大于（$P<0.01$）单频音试验。

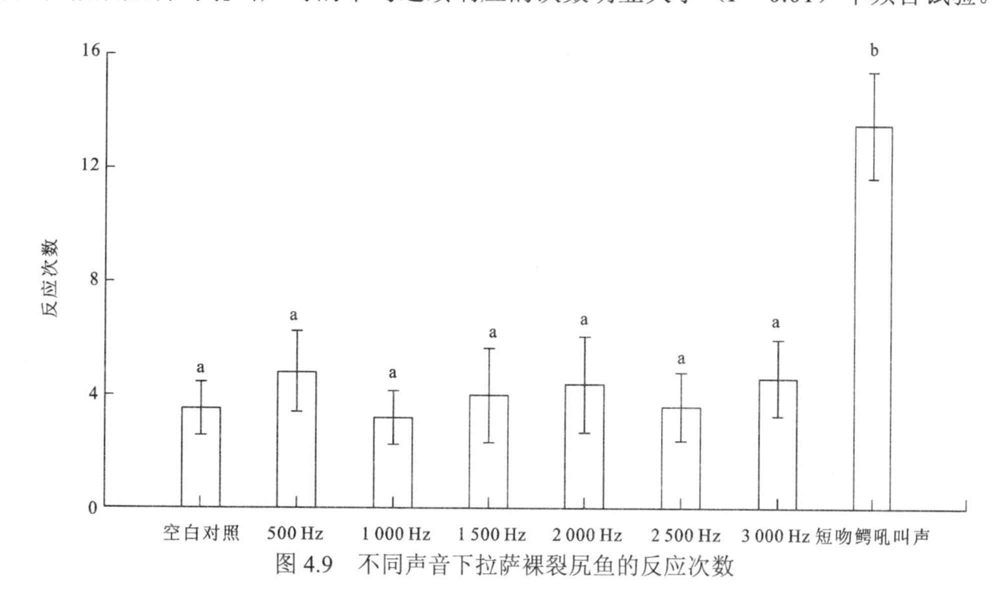

图 4.9 不同声音下拉萨裸裂尻鱼的反应次数

拉萨裸裂尻鱼对单频音及短吻鳄吼叫声的代表性反应曲线如图 4.10 所示。图中为 8 尾鱼的反应曲线，空白对照组显示在没有声音刺激的情况下试验鱼在试验过程 10 min 内自由游泳。在播放 500～2 000 Hz 的单频音时，试验鱼对单频音有一定的反应，分别为在播放 500 Hz、1 500 Hz 的单频音时，试验鱼有 4 次反应，无连续反应，在播放 1 000 Hz 的单频音时，试验鱼有 2 次反应，无连续反应。在播放 2 000 Hz 的单频音时，试验鱼有 1 次反应，无连续反应。在播放 2 500 Hz、3 000 Hz 的单频音时，试验鱼虽然在水槽中来回游动，但是并没有在 30 s 内游过水槽中线，故无反应次数。但是在播放短吻鳄吼叫声时，从图 4.10 可以看出，试验鱼具有明显的反应和连续反应，在开始放音后，试验鱼立刻逃离声源，并停留在中线附近，然后开始反应，共逃离声源 20 次，最高连续反应次数达 10 次。且在 10 min 之内，试验鱼持续不断反应。

拉萨裸裂尻鱼的反应速度通过在水槽中游过 2 m 所需的时间来体现。在不播放声音时，试验鱼游过 2 m 所需要的平均时间为 18.17 s，即速度为 0.11 m/s。在播放单频音时，试验鱼游过 2 m 所需的平均时间为 15.12 s（500 Hz）～21.0 s（2 000 Hz），速度为 0.10～0.13 m/s。当播放宽频音时，试验鱼游过 2 m 所需时间为 6.26 s，速度为 0.32 m/s，显著高于空白对照及单频音时试验鱼的游泳速度（$P<0.001$）。

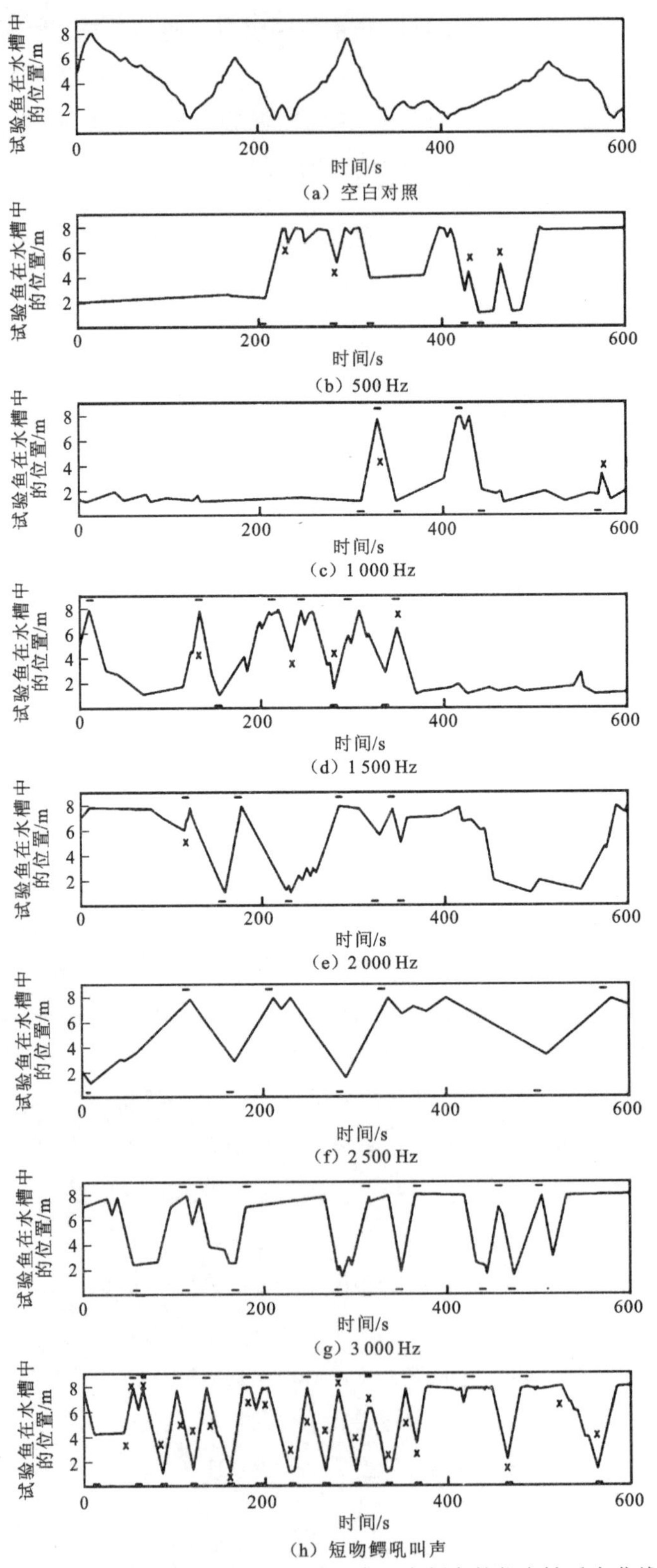

图 4.10　8 尾拉萨裸裂尻鱼对单频音及宽频音的代表性反应曲线

第5章 光诱驱鱼技术对鱼类的行为响应

5.1 引言

光照作为影响鱼类存活、摄食、生长、繁殖的重要环境因子，在鱼类的生活史中起着重要的作用。光诱驱鱼技术作为一种鱼类无伤定向导鱼技术，旨在利用鱼类的趋光性，诱导或者驱赶鱼类，达到集诱鱼的目的。鱼类的趋光性是指鱼类对光刺激产生的定向运动特征，其中趋光性包括正趋光性、负趋光性和无趋光性。基于鱼类趋光性的灯光诱捕鱼技术在水产养殖的实践中被广泛应用，合适的灯光能够对目标鱼类起到吸引作用。在鱼类资源保护领域的研究中，光诱驱鱼主要作为协助鱼类过坝的辅助措施，是其行为导向系统的一部分。为此，本章从光诱驱鱼的原理、影响鱼类趋光性的因素及鱼类对光的趋避行为三个方面来介绍光诱驱鱼的关键技术，并分析光诱驱鱼技术在过鱼设施中的应用现状和工程案例。

5.2 光诱驱鱼技术的研究现状

基于鱼类趋光性的光诱鱼捕鱼技术是水产养殖行业中广泛采用的一种诱鱼捕鱼技术，合适的光照强度与光照颜色能够吸引或者驱离特定鱼类，在水库内采用辅助光诱驱鱼、诱集鱼，能够使捕捞更快捷、更简便（许家炜，2019）。

光诱驱鱼在辅助鱼类洄游过坝和水工程定向驱导实践中都有良好的发展前景。过鱼设施内设置什么样的光照颜色与光照强度，以及怎样设置光照，是工程师最关注的问题。鱼道辅助诱鱼所必需的光诱驱鱼手段已被国内外学者研究和运用。其中，印度学者细致地观察海上灯光捕鱼作业情况，并从引鱼灯具、网具及不同汛期下的作业效果上加以讨论研究（Achari et al.，1998）。郑国富（1999）做了诱鱼灯光场的计算，研究了光诱鱿鱼浮拖网操作的影响。Juell 和 Fosseidengen（2004）发现人工光源对鱼类分布水层和集群行为有影响，可以采用不同的灯光对不同水层中的鱼类进行诱捕。Marchesan 等（2005）对各种鱼类进行了细致的研究，结果表明鲻（*Mugil cephalus*）对短波长单色光反应较强，欧洲鲈鱼（*Dicentrarchus labrax*）对光色无趋光性，研究结果可以对鱼进行分类分级并改进诱鱼技术。上述学者研究鱼对光环境的行为反应，并将研究成果应用到实践中。一些学者利用回声探测仪对海底大面积的鱼分布情况进行了探测，结果发现光照强度对于鱼的分布具有较大影响。太平洋金枪鱼幼鱼存活率还和光照有较大关系，金枪鱼在养殖网箱生长发育 40 天时出现损伤状况，据研究，金枪鱼 40 天内视力尚未发育成熟，不能识别浑水中的物体，因此易在养殖网箱内碰撞而受伤（Hiromu et al.，2010）。美国一些学者利用节能、可靠、强度高的 LED 光源来设置光诱鱼陷阱（Keto et al.，1997），成功地诱集了大批水生无脊椎生物。我国的相关研究也取得了一定的成果，例如利用 LED 灯进行水下诱鱼，并通过放鱼试验优化设计水下灯阵（Shen et al.，2013，2010），对优化后的新 LED 诱鱼灯进行验证和分析（崔雪亮和张伟星，2013）。此外，还将诱鱼灯与渔船相结合，以试验所得的最优水下光照强度为依据，寻求合理布置方式，以增强集鱼效果（钱卫国 等，2012，2011）。

5.3 光诱驱鱼的关键技术

5.3.1 光诱驱鱼的原理

鱼类对光照刺激的定向运动特征被界定为鱼类趋光性，趋光性是幼鱼对光照最基本的先天性行为反应，趋光性变化影响鱼类分布与行为。例如光照周期、光照颜色、光照强度等因素均可对水生动物内源节律、生命活动乃至行为选择产生很大影响（张宁 等，2019）。国外学者提出，基于每天 24 h 内光线变化情况，多种生物体会通过对自身生理行为的适应及调整使之与外界环境变化同步来实现最佳生存习性（Kathryn et al.，2018）。另外，在水下环境里，光谱随着深度快速发生变化，因此针对不同栖息环境，水生物种对不同光照颜色选择喜好存在较大差异，也影响了它们的趋避行为。与此同时，为了更好地适应生活环境，不同品种鱼类对于光照强度有着不同的选择喜好。所以，针对鱼类的这类特点，光诱驱鱼技术已广泛应用于水产养殖和过鱼设施。

5.3.2 影响鱼类趋光性的因素

光照条件作为河流自然环境的重要组成部分之一，对鱼类产生的影响不容忽视。这些影响常常可以体现在鱼类的摄食、生长、繁殖及集群等行为当中。然而，光环境所产生的作用对不同的鱼，在不同的场景中不尽相同，这主要与鱼体内在生物因素和外界环境因素有关。

内在生物因素主要是指鱼类的视觉器官构造、发育阶段及胃饱满度等。有研究表明，鱼类视觉器官的不同直接造成其行为和习性的不同，一般地，带视杆细胞的鱼类主要用视杆细胞来分辨明暗，对光的强度敏感，而带视锥细胞的鱼类主要用视锥细胞分辨颜色，对光谱敏感（李大鹏 等，2004；罗会明和郑微云，1979；Kawamoto and Takeda，1950）。正是因为视觉器官构造存在差异，不同种类的鱼在感受到相同光照刺激时也会表现出不同的行为反应。这种差异最直观的体现，就是鱼类对特定光照环境的偏好程度，也就是常说的趋光性。

一般趋光性行为可以分为 3 类：一是鱼对光源的喜好，即正趋光性行为；一是鱼对光源的逃避行为，即负趋光性行为；另外，称不响应光源的行为为无趋光性行为。在我们常见的鱼当中，大西洋鲟（*Acipenser oxyrinchus*）幼鱼就具有明显的正趋光性，而太平洋鲟（*Acipenser medirostris*）既没有明显的正趋光性，又没有明显的负趋光性（Kynard et al.，2005）。值得注意的是，鱼类的趋光性不是一成不变的，它会随着光照强度的变化而变化。例如，孔雀鱼幼苗的趋光率会随着光照强度的增加明显上升，并在光照强度为 2 000 lx 时达到峰值（罗清平 等，2007）。此外，同一种鱼在不同的发育阶段也会表现出不同的趋光性，相比之下，大部分鱼在幼年时期趋光性较强，随着鱼的不断生长，其对光照的趋光性通常会越来越弱。

鱼类不仅对不同强度的光反应各异，对不同的光照颜色同样有所偏好。大部分鱼类的可视波长为 340～760 nm，其中 340～400 nm 属于紫外线波段，而 400～760 nm 波段则依次对应着从紫色到红色的人眼可见光（Archer et al.，1999；Bowmaker et al.，1990）。鱼类对光照颜色的选择往往与其生活的环境及生态习性有关。例如，眼斑拟石首鱼偏好选择橙色和黄色光源，而鳗鲡则偏好红色光源（王萍 等，2009）。

除内在生物因素外，包括浊度、流速、光照刺激时间、水温等在内的外界环境因素也会在不同程度上影响着鱼类对光环境的感知。通常情况下，在浊度低和流速较慢的水域中，鱼类对闪光灯表现出更加强烈的夜间回避行为。相反地，常年生活于高浊度水体中鱼类对光照刺激的反应则不那么强烈。同时，鱼类对光照的反应还会随着光照刺激时间的增加而产生适应性变化。长时间受灯光照射会引起鱼类视力适应或疲劳，从而对其趋光性产生一定影响。此外，水温也会显著改变鱼类的趋光特性。当水温适宜时，鱼类趋光性较强；而当水温超过或低于适宜温度时，趋光性便会逐渐减弱直至消失。

5.3.3　鱼类对光的趋避行为

鱼类趋光性指鱼受光照刺激而发生移动反应。鱼类趋光过程可大致划分为 2 个阶段：第 1 阶段是鱼类在光照刺激下向光源附近游动；第 2 阶段为鱼类停留于光源中游弋，但是趋光鱼类经过一定时间光照刺激之后，会因对光线的顺应、劳累和周围环境的改变而脱离光源游弋。

在阴暗环境下，鱼类游动往往杂乱而随意；而在光照条件下，鱼游泳姿态发生显著改变，游动方向趋于整齐，甚至部分鱼种表现出集群行为。鱼类在不同光照条件下的行为响应可以分为定向行为与无定向行为。定向行为是指鱼类在光照改变中表现出的某种有规律的变化，通常把它分成两类：一是鱼接近光源或朝光源游动，叫趋光行为；二是离开光源或者在光照强度很弱的方向上游动，这就是避光行为。趋光行为又称正趋光，是指鱼类在特定光环境下具有某种偏好的行为。避光行为又称负趋光，是指鱼类对一定光环境的厌恶。

5.4 光诱驱鱼技术在过鱼设施中的应用

5.4.1 应用现状

1. 光照在水产养殖及海洋捕捞中的应用

20 世纪 30 年代，我国为提高捕捞效率，开始使用汽油灯诱集鱼类。对光照诱驱鱼进行系统的研究和报道始于 20 世纪 70 年代末，并且主要集中在光照对鱼类摄食的影响研究。如不同颜色光对鲤的诱集效果，光照强度对花鲈幼鱼、史氏鲟（*Acipenser schrenckii*）仔稚鱼和暗纹东方鲀（*Takifugu obscurus*）仔稚鱼等摄食的影响，该研究表明在适宜光照强度和光照颜色下，鱼类摄食量明显可达到最大值。因此，在傍晚或夜间用适宜光将鱼苗引诱至较集中的区域摄食，有利于提高其摄食率。在水库或是远洋捕捞业中，可以利用光照诱驱鱼达到聚集鱼群的效果，以提高捕捞效率。在鱼类养殖中，利用环道和网箱培育苗种时，可以选择适宜的光照颜色将鱼苗诱离残饵污物区，提高清箱和分箱操作的效率。

2. 行为导向系统中的应用

研究表明光诱驱鱼在协助鱼类过坝及水工程的定向驱导实践中有实际效果并具备较好的前景。感官因子被应用于集运鱼系统，同时也适用于升鱼机、鱼道进口等过鱼设施，以帮助鱼类寻找通道口，从而穿越拦河建筑物，修复河流连通性（张宁，2020；罗佳 等，2015；Patrick et al.，2001；Akiyama et al.，1991）。过鱼设施是减少大坝对环境造成负面影响的一种工程，其功能在于恢复鱼类上溯洄游通道。早期的过鱼设施主要采用天然形成的险滩和开挖后的礁石等通道使鱼类洄游。近年来，出现并得到广泛应用的过鱼设施包括鱼道、仿自然旁道、集运鱼系统、鱼闸和升鱼机等。而在过鱼设施中光诱驱鱼起着至关重要的辅助作用。目前，在欧洲应用最广的声光气鱼类诱导系统，可提供一套完整的鱼类行为检测系统，每一个鱼类行为检测系统均根据当地环境利用气泡幕、声学信号、灯光系统或电场量身打造。该技术依靠鱼的行为排斥反应，而不是鱼的身体直接接触，被称为“行为导向系统”。

Lin 等（2019）将水流、光诱驱鱼技术与气泡幕驱鱼技术结合应用于集鱼船模型的集鱼入口处。他们对比了不同水流、灯光及气泡幕组合方式对诱集食蚊鱼效果的影响。研究结果表明，适当采用多种因素的组合可以在一定程度上提高集鱼平台的集鱼效果。

Johnson 等（2011）的研究发现，洄游的鲑鱼通过水闸主要有三条通道，即溢洪道、闸门和船闸涵洞。船闸涵洞表面 80%以上被藤壶覆盖，导致幼鲑穿过船闸涵洞时会被藤壶划伤。此外，船闸涵洞内部有许多弯段，导致初次进入船闸涵洞系统的幼鲑经常会撞击到混凝土墙，从而降低了幼鲑的存活率。为了减小幼鲑进入船闸涵洞概率，研究者在船闸涵洞入口位置布置了频闪灯。监测发现，开启频闪灯可以减少约 75%的幼鲑进入船闸涵洞，从而有效提高幼鲑通过水闸的存活率。

Jones 等（2017）的研究显示，光诱驱鱼技术在鱼道内应用效果显著。他在鱼道内部采取了封闭且完全黑暗的措施，安装了多个诱鱼灯，并使用光度计测量光照强度，保证鱼道内光照强度适宜。研究结果表明，安装诱鱼灯的鱼道诱鱼效果明显优于无灯光情况。

两河口水电站鱼类上行系统采用“集鱼槽（鱼道）+索道式升鱼机”方案。坝址下游的鱼类在电站尾水的诱导下进入鱼道诱鱼口，然后通过鱼道至集鱼池进行收集，再通过一系列转运装置运至库尾及上游天然河道放流。

藏木水电站过鱼设施也采用鱼道工程，目标是保护雅鲁藏布江流域水生生态环境，恢复工程河段鱼类种质交流通道，并缓解水利工程建设对鱼类的阻断影响。两河口水电站和藏木水电站的鱼道内部形式均为竖缝式鱼道，包括主流区、大回流区和小回流区。为了帮助鱼类更快上溯，水下诱鱼灯和水上诱鱼灯被布置在鱼道内，根据不同情况进行开启，以帮助鱼类迅速找到主流区并随主流区上溯。此外，在每个鱼道进口处，还布置了朝向下游的水下诱鱼灯，以帮助鱼类快速找到鱼道入口，并随着鱼道进口吸引流速进而上溯。

总之，国外研究已经证明了光诱驱鱼技术具有广阔的应用前景。尽管我国还少见关于光诱驱鱼的研究报道，但其机制及应用前景值得关注，亟待挖掘。

5.4.2　案例分析

1. 两河口水电站过鱼设施优化设计

1）工程基本背景

2015 年 4 月，中国电建集团成都勘测设计研究院有限公司（以下简称“成都院”）完成了“四川省雅砻江两河口水电站过鱼系统工程方案设计报告”，两河口水电站为雅砻江中游水电规划的第一级电站。在中华人民共和国环境保护部[（2018 年撤销，组建中华人民共和国生态环境部），以下简称“环保部”]对《四川省雅砻江两河口水电站环境影响报告书》（环审〔2013〕327 号）的批复要求下，规划了牙根一级水电站，坝址位于四川省甘孜藏族自治州雅江县的雅砻江干流和支流鲜水河汇口下游。为满足环保部提出的修改意见与建议，需要进行现场调查与试验，补充实地调查与原位观测、试验，复核过鱼种类，补充说明主要过鱼对象的繁殖、洄游等生物学特性和生态习性，复核年过鱼量，明确过鱼时段，完善试运行及运行期过鱼效果监测规划与评估方案，细化鱼类生态学试验，鱼类集群效应观测等。因此，成都院通过公开招标，委托武汉中科瑞华生态科技股份有限公司（以下简称“中科生态”）来承担“四川省雅砻江两河口水电站过鱼系统工程设计鱼类生态学试验研究”的工作。该研究旨在通过对两河口河段鱼类资源与生境现状进行调查、鱼类行为学试验研究、鱼类上溯与集群效应观测等工作，复核优化两河口水电站过鱼系统工程的过鱼目标，并为工程设计参数的完善提供依据。在中科生态承担该项目后，相关力量已先后 4 次在两河口河段进行了鱼类资源与生境现状的调查，并在雅砻江两河口水电站白玛营地增殖放流站站址现场开展了鱼类行为学试验研究，同时在两河口坝址下游及类似工程下游进行了鱼类集群特征的原位观测。

2）过鱼设施概况

工程过鱼是指为了解决坝址下游鱼类迁移问题而采取的措施。设计方案包括鱼道和索道式升鱼机组合过鱼系统。该系统主要由以下建筑物组成：坝下鱼道集鱼系统、升鱼机系统、索道和库内地面滑道。

（1）上行过鱼。

在电站尾水的诱导作用下，将坝址以下的鱼导入鱼道诱鱼口后再导入到集鱼池中采集。再由提升系统对抄鱼网进行提升使集鱼池中的鱼类进入升鱼斗池。然后由启吊设备将升鱼斗池吊装至位于索道低平台部位的集鱼箱上。然后，集鱼箱经索道提升到索道高平台上，并由起吊设备转运到滑道中，最终顺滑道转运到水库中的转运船，转运到库尾和上游天然河道进行放流。

（2）下行过鱼。

坝址上游的鱼类经集鱼船平台集鱼后，通过转运船运至库区滑道处，抬升至索道，再经过索道运输至下游转运平台处，最后通过活鱼运输车转运至下游码头放流。

3）水电站过鱼设施光环境优化设计

两河口水电站的鱼类上行系统采用了“集鱼槽（鱼道）+ 索道式升鱼机”的设施。在坝址下游，鱼类通过水电站尾水的诱导进入鱼道的诱鱼口，其过鱼设施的入口即为鱼道入口，主体过鱼设施前段即为鱼道。鉴于本书中提到的两河口水电站主要过鱼对象齐口裂腹鱼在几种流速工况下都偏好绿光，其趋光性随流速增大而增强，因此在工程中选择了绿光。在绿光下，齐口裂腹鱼在 20 lx 内随着光强照度的增加而增加。因此，工程中采用了 20 lx 的光照强度进行引诱。具体工程布置如下：

（1）鱼道内部由于水流的关系形成主流区和两个回流区。鱼类在回流区容易迷失方向。因此需要将鱼引诱至特定区域（光诱集区域），让鱼感知到主流区的水流，以帮助它们快速上溯。

（2）在背水流方向的挡板上各布置一个水下可调光照强度的 LED 灯管，两挡板之间布置水上诱鱼灯，并将光的方向打向光诱集区域（图 5.1 和图 5.2）。

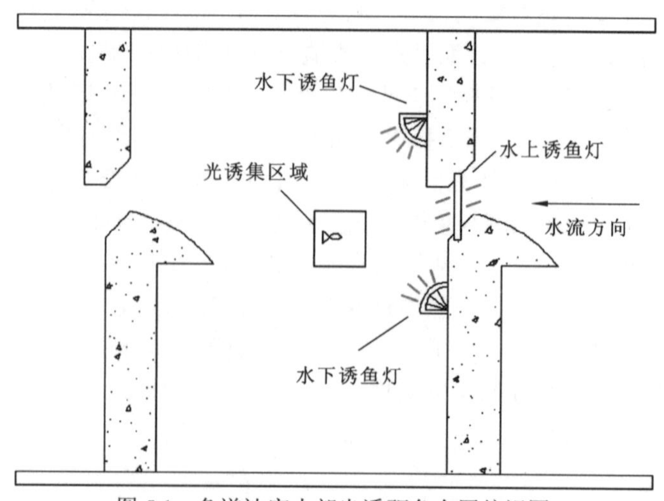

图 5.1　鱼道池室内部光诱驱鱼布置俯视图

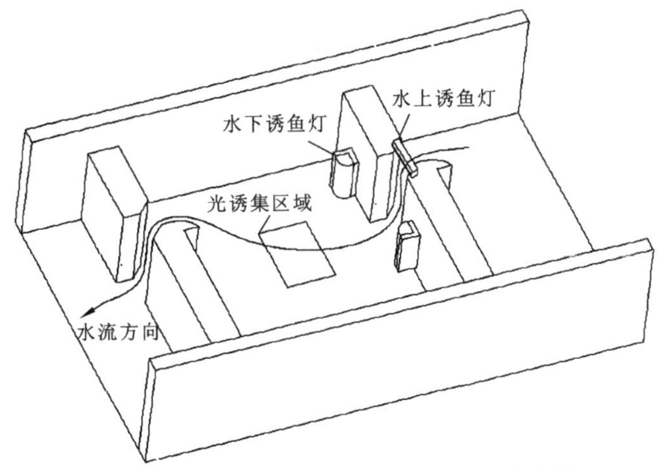

图 5.2　鱼道池室内部光诱驱鱼设施布置概念图

（3）建议在光诱集区域放置一个水下照度计，以监测水的浊度变化，进而调控灯管的光照强度，以确保光在光诱集区域的光照强度保持在 14～20 lx，从而吸引鱼类进入该区域。

（4）根据实际情况，如果水较清澈，可以仅启用水上诱鱼灯，以节约成本。

（5）另外，建议在进口处设置一个方向斜向下游的水上诱鱼灯（图 5.3），以提供更好的光照，增加光诱集效果。

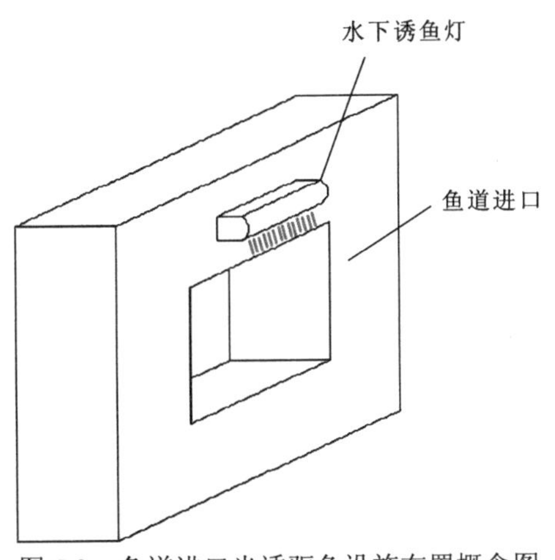

图 5.3　鱼道进口光诱驱鱼设施布置概念图

2. 藏木水电站过鱼设施优化设计

1）工程背景

雅鲁藏布江是西藏最大的河流，同时也是世界上海拔最高的大河，发源于西藏自治区西南部，即喜马拉雅山中段北麓的杰马央宗冰川。河流大致由西向东流经 20 多个县市，包括日喀则、拉萨、山南、林芝等地市，最终流入印度并更名为布拉马普特拉河。在雅鲁藏布江的干流中游的桑日—加查峡谷段，规划了该地区的第一座大型电站：藏木水电站（图 5.4）。该电站位于西藏自治区山南地区加查县境内，距离加查县城上游约 17.0 km 处。其主要任务是发电，同时也兼顾满足生态环境用水需求，不考虑航运、漂木、防洪、灌溉等综合利用需求。藏木水电站属于以发电为主的 II 等大（2）型工程，其永久性建筑物按 2 级设计，次要建筑物按 3 级设计。电站采用左侧河床布置 6 孔溢流坝，右侧河床布置 6 台水轮发电机组的坝后式地面厂房开发方式。电站所在的坝址控制流域面积为 157 668 km^2，占我国境内全流域面积的 65.6%。坝址处的多年平均流量为 1 010 m^3/s。水库的正常蓄水位为 3 310 m，相应的库容为 8 660 万 m^3，可调节库容为 1 310 万 m^3，具备一定的日调节能力。电站最大坝高为 116 m，坝型为混凝土重力坝，引用流量为 1 071.3 m^3/s。电站的装机容量为 510 MW，年发电量为 25.008 亿 kW·h。

图 5.4　藏木水电站

藏木水电站过鱼设施属鱼道工程，旨在保护雅鲁藏布江流域水生生态环境、恢复项目河段鱼类种质交换通道、减轻水电工程阻断鱼类洄游通道的影响。藏木鱼道工程在河床右岸，由进口，尾水渠段，暗涵段，岸坡段，过坝段，出口明渠段，出口和鱼道观测研究室组成，总长 3 621.338 m，主要是解决鱼类上行问题。

（1）鱼道进口：鱼道进口位于厂房下游。过鱼季节在 2～5 月，鱼道进口的运行水位受大坝发电泄水的影响较大，水位变化在 1.97～4.52 m。而在 6～10 月过鱼季节（主汛期为 7～9 月），鱼道进口水位受电站发电泄水和泄洪的影响，整个鱼道便设置 1 号、2 号、3 号 3 个进口。其中，1 号进口位于电站尾水渠左侧，2 号和 3 号进口位于尾水渠右、左两侧的导墙处。为了满足下游不同尾水流量工况（对应不同机组发电台数），下鱼道内的过缝流速保持稳定，鱼道进口流速控制在 0.9～1.2 m/s。在鱼道的不同部位及进鱼口设置多个补水支管对鱼道进口采用分散补水，并装有流量调节阀，可根据实际情况调整各补水点的补水量，以达到鱼道内最佳诱鱼流速要求。

（2）鱼道出口：本工程共设置了 4 个鱼道出口，这些出口布置在库区，其水位受水库运行方式影响。过鱼季节在 2～5 月，鱼道出口水位在正常蓄水位 3 310 m 与死水位

3 305 m 之间变动，变幅为 5 m；而过鱼季节在 6～10 月，鱼道出口维持水位 3 305 m 运行。

（3）鱼道池身关键参数：藏木鱼道中，过鱼孔流速值上限取 1.1 m/s，鱼道形式采用垂直竖缝式，休息池与鱼道采用相同底坡，在鱼道转弯位置处（转弯角 90°、180°）也设置休息池，休息池无坡度，整个鱼道沿程共设有 10 个休息池。

此外，藏木鱼道还设有监测室，其主要目的是方便过鱼效果的跟踪监测，同时兼具参观游览、宣传和演示功能，同时预留旁通池塘，以兼顾休息和集鱼功能。为满足观察研究需要，鱼道监测室监测窗对应池室结构需做局部调整，监测室鱼道段设置监测板和导鱼板，将鱼类导向监测窗附近，监测窗与监测板的间距为 0.45 m，鱼道段池室配备有日光灯、水下摄像机、鱼道观测设施等设备。

2）水电站过鱼设施光环境优化设计

藏木水电站的鱼道内部采用竖缝式结构。具体的鱼道进口位置和内部结构请参见图 5.5 和图 5.6。在布置水下诱鱼灯时，需要考虑适应水位变幅的情况，并与两河口水电站的灯光布置方案相一致。

图 5.5　藏木水电站鱼道进口位置图

图 5.6　藏木水电站鱼道内部结构图

藏木水电站光诱驱鱼方案如下：首先，在水电站左岸布置一排驱鱼灯，利用灯光来驱赶目标鱼类，防止它们被溢洪道泄水吸引至溢洪道侧，从而将其引导至右岸。接下来，在右岸处设置另一组驱鱼灯，以保护鱼类并引导它们靠近鱼道进口。同时，通过诱鱼灯吸引鱼类游向鱼道进口，并结合鱼道进口的水流引导作用，使鱼类能快速找到鱼道进口并顺利上溯。具体布置方式参见图 5.7。

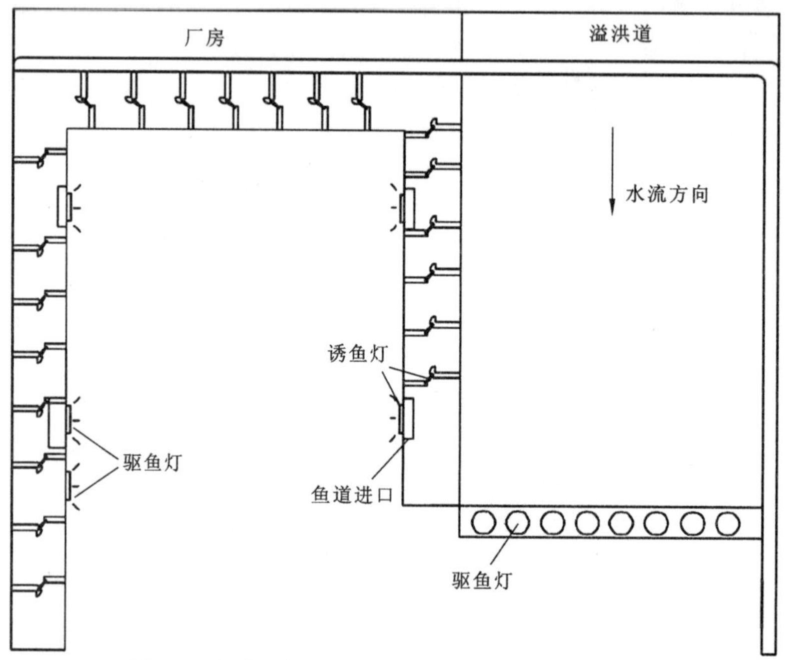

图 5.7　光诱驱鱼设施在藏木鱼道应用的推荐布置图

3. 巴塘水电站过鱼设施优化设计

1）工程背景

巴塘水电站过鱼方案采用技术型鱼道，考虑到金沙江干流的鱼类常常上溯至巴楚河内。因此，在巴楚河河口附近设置拦鱼导鱼设施，将鱼类直接引导至巴楚河内。接着，利用巴楚河约 1.85 km 的天然河道，让鱼类上溯至巴楚河，再通过明渠结合隧洞的布置方式实现过鱼，最终进入库区。该鱼道的主要目的是维持河流生态系统的连通性、保持生物多样性，以及促进大坝上下游鱼类遗传基因交流。为方便鱼类通过鱼道上溯，减少洄游总长度，并结合现场地形条件，鱼道采用了较少使用的隧洞穿越方式。然而，这种设计方式使得鱼道的过鱼效率存在一定的不确定性，因此需要采用其他辅助诱鱼方式来引导鱼类进入并穿越隧洞。

2）方案比选设计

根据隧洞本身的特征，综合考虑光照、水温和溶解氧含量等环境因子对鱼类行为的影响，选择使用光诱鱼的方式引导鱼类上溯。结果表明，在中低流速下，只需在洞内布置黑暗环境即可；而在中高流速下，为了保证鱼类上溯，需要保持水下光照强度达到1 000 lx 以上。为了在隧洞中创造合适的光环境，需要谨慎选择照明灯的布置方案。设计了两种方案进行比较：①将所有大功率LED灯安装在隧洞顶部中间，照射角度朝下，每隔2.5 m布置1盏灯。②将LED灯布置在隧洞两侧边壁上，具体位置依据水下照度计读数确定，每隔2.5 m布置1个LED灯，并确保其照射角度小于45°。

经过对比，第2种方案更为合适。将照明灯布置在隧洞两侧边壁的优势在于：首先，灯光距离水面更近，能够提高灯光照明效率，节约成本；其次，左右两侧同时照明水体，减少水面反光，使水下光照更均匀；最后，隧洞内有人行道，便于照明灯的安装和维修。

因此，我们决定采用第2种方案，在隧洞两侧边壁布置照明灯。同时，需要密切监测水位的变化，根据不同灯管的实际强度进行光照强度的调整。在水下放置水下照度计，以实时监测光照强度的变化并对灯管进行调整。具体的布置方式如图5.8所示。

图5.8　光诱驱鱼技术在巴塘水电站鱼道应用的推荐布置图

4. 光环境对草鱼和鲢的行为影响机制研究

1）试验装置

采用自制的大型开放式自循环水槽作为光环境试验装置，用于研究草鱼及鲢在静水条件下对不同光环境的偏好情况。试验装置主要包括以下系统：试验装置主体、自循环水系统、监控及补光系统（图5.9）。试验装置主体的尺寸为500 cm×90 cm×60 cm（长×宽×高），试验区长度为200 cm。水槽部分由钢架结构支撑，并采用透光的黑色玻璃板作为主体，试验所用水采用可调流量的循环水。光源位于试验区域前方上端，由两个

220 V、100 W 的防水聚光 LED 灯提供，通过不同深浅的滤光纸调节 LED 灯发出的光照强度，以确保试验区域内形成均匀的光场分布。光强照度通过 ZDS-10W-2D 水下照度计进行测定（测量范围 0～10 000 lx；测量误差≤±4%，±1 个字，符合国家一级照度计标准）。监控系统由 2 个海康威视红外摄像头和录像机组成，摄像头位于试验区的正上方，用于实时监测试验鱼，录像机对试验视频进行记录。本试验水流条件为静水。

图 5.9　试验装置图

2）试验用鱼

试验选取的草鱼和鲢幼鱼均由湖北某养殖场提供，草鱼的平均体长为（14.49±1.07）cm，平均体重（31.75±7.6）g；鲢的平均体长为（16.59±1.01）cm，平均体重为（37.17±7.1）g，暂养于三峡大学生态水力实验室。暂养池规格均为直径 2.0 m、高 0.5 m、水深 0.3 m 的圆形蓝色玻璃纤维水缸。暂养用水为曝气后的自来水，每 2 天更换池水的 1/3～1/2。暂养池位于室外通风大棚里，暂养条件采用自然光周期，水温设置为 18 ℃，保持水中溶解氧含量>7.0 mg/L，pH 为 7.1～7.3。暂养期间每天投喂 2 次（7∶30 和 18∶30），待试验鱼可正常进食游动，并禁食 48 h 后才可用于试验。随机挑选健康且体长均等的草鱼和鲢幼鱼作为试验对象，为防止试验鱼对环境产生适应性，试验鱼均不重复使用。待试验结束后，将试验鱼放入另一暂养缸中进行养殖。

3）试验方法

在进行试验前，应确保水槽和暂养池的水温保持一致。试验所用水来自开放式循环水池，无须进行额外的曝气处理。试验水深保持在 0.1 m。试验设计包括 5 种不同光照强度工况，分别为 0、10 lx、100 lx、1 000 lx、10 000 lx。为实现不同的光照强度需求，用不同深浅的滤光纸包裹 LED 灯。每组工况需要进行 10 次试验，每次试验开始时同时放入 5 尾试验鱼（具体试验工况见表 5.1）。通过这种改进的设计，可降低试验的重复率。

表 5.1　光环境试验工况表

工况	光照强度/lx	流速/（m/s）	鱼种
一	0	0	草鱼/鲢
二	10	0	草鱼/鲢
三	100	0	草鱼/鲢
四	1 000	0	草鱼/鲢
五	10 000	0	草鱼/鲢

在试验过程中从暂养池中随机选择 5 尾试验鱼，并在黑暗环境下将它们缓慢地放入试验区尾端。在暗适应（光照强度为 0 lx）持续 10 min 后，2 min 内缓慢打开试验区尾端上方的适应灯管（该灯管的光照强度可以通过调压变压器进行控制），然后再打开位于试验区前端的试验灯，随后关闭适应灯管。再过 2 min 后开启监控设备，试验正式开始。试验时长 30 min，每组试验重复 10 次。试验结束后，对所获取的视频数据进行处理分析。每隔 10 s 统计 1 次试验鱼在试验区内的分布情况，并记录整个区域内的光照强度。所记录的数据用于描述草鱼和鲢幼鱼在不同工况下对光环境的选择情况。

4）数据处理

（1）以分布率为指标表示试验鱼对不同光环境的偏好：

$$C(x) = \frac{f}{N} \times 100\% \tag{5.1}$$

式中：$C(x)$为对照组试验鱼沿试验区长度方向的分布概率函数；f 为某试验区域内试验鱼出现的次数；N 表示试验鱼总共出现的次数。

（2）为排除鱼类在试验水槽中自由游泳本底值的影响，以环境偏好指数 EI 为指标表示试验组草鱼对试验区不同位置的真实偏好情况：

$$\mathrm{EI}(x) = D(x) - C(x) + 0.05 \tag{5.2}$$

式中：$D(x)$为试验组试验鱼沿试验区长度方向的分布概率函数。$\mathrm{EI}>0$ 即表示喜好，$\mathrm{EI}=0$ 时表示没有偏好，$\mathrm{EI}<0$ 则表示回避，EI 的绝对值大小表示对该区域的偏好强烈程度。

（3）以距离期望值 F 为指标表示草鱼在不同工况下对不同区域的平均选择：

$$F = \int_0^{200} xD(x)\mathrm{d}x \tag{5.3}$$

式中：x 为试验鱼至光源距离，cm。

本试验所有的数据都采用回归分析法，利用 Excel 和 SPSS 22.0 软件进行分析和处理。

5）试验结果与分析

（1）草鱼和鲢在不同光照强度下的趋光行为反应分析。

根据图 5.10 的试验结果，在静水情况下，草鱼幼鱼在四种光照强度下的水平分布趋势大体相同，主要集中在远离光源的区域。随着光照强度从 10 lx 升至 100 lx，草鱼在水槽末端的聚集程度增加，尾部的分布频率明显上升，显示出更明显的负趋光性。当光照强度进一步增至 1 000 lx 时，试验鱼在试验区首端和末端的分布开始减少，趋向于分布在水槽中间位置，表明随着光照强度增加，草鱼的分布整体呈向前移动的趋势。但当光照强度达到 10 000 lx 时，试验鱼开始聚集在试验区的首尾端，整体呈现出“两头高，中间低”的分布状态，显示出明显的应激反应。综上所述，草鱼幼鱼表现出明显的负趋光性，而在较高光照强度环境下，会产生较强的应激反应，影响其负趋光性。

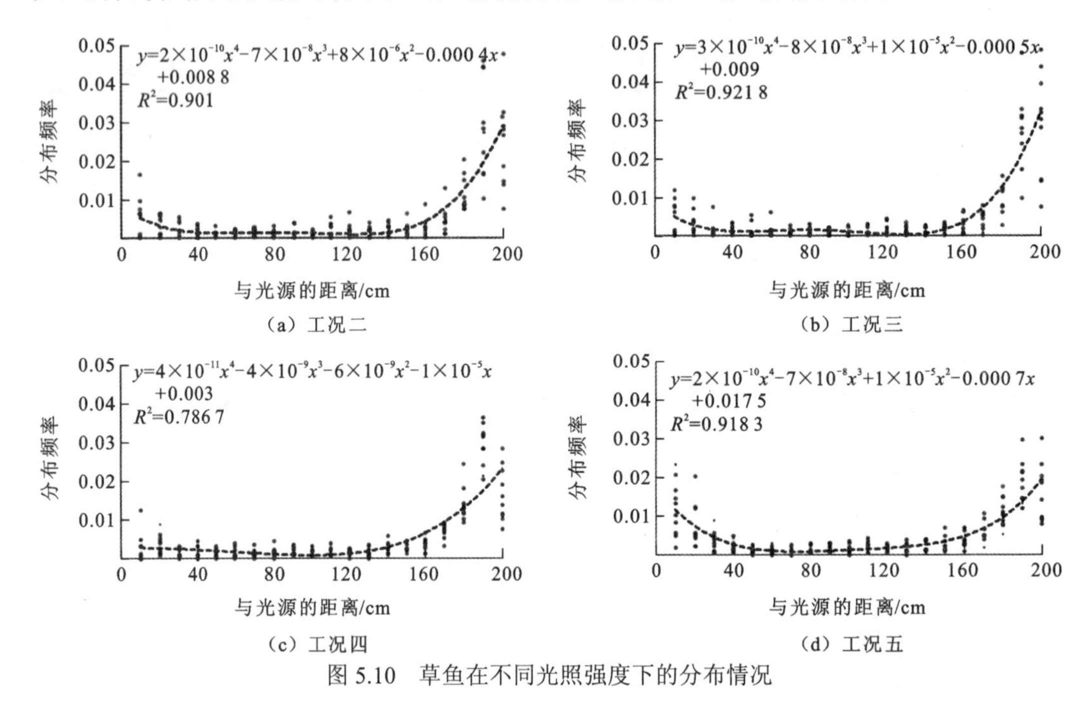

(a) 工况二　　(b) 工况三

(c) 工况四　　(d) 工况五

图 5.10　草鱼在不同光照强度下的分布情况

本试验的研究对象草鱼主要栖息于水体中下层，对光线的变化非常敏感。通过对草鱼在五种光环境中行为和分布的分析，得出不同光环境下草鱼均表现出明显负趋光性的结论。当光照强度从 0 lx 增大至 100 lx 时，草鱼与光源的距离逐渐增大。然而，随着光照强度持续增大至 1 000 lx，甚至 10 000 lx，草鱼开始难以适应过强的光照，出现一定程度的应激反应。当整个试验区域的光照强度均超过草鱼所能承受的范围时，草鱼开始在水槽的前后两端游动。

在图 5.11 中，我们可以观察到在静水条件下，鲢幼鱼在四种光环境下的水平分布趋势基本相似，都主要集中在近光源处。随着光照强度从 10 lx 增加到 10 000 lx，试验鱼在光源附近的分布逐渐增加，特别是当光照强度大于 100 lx 时，分布曲线变得更为陡峭。同时，鲢在试验区尾部的分布也逐渐减少。这表明试验鱼对于这些不同光强照度的光环境虽然没有明显的喜好行为，但对于大于 100 lx 的光照强度表现出更加明显的行为反应。

（2）草鱼和鲢在不同光照强度环境下的偏好行为分析。

趋光性试验的对照组采用全黑暗环境，作为环境偏好指数计算的基准值。草鱼和鲢在黑暗环境中的水平分布呈现出首尾区域较多，中间部位较少的状态，其中鲢的表现更

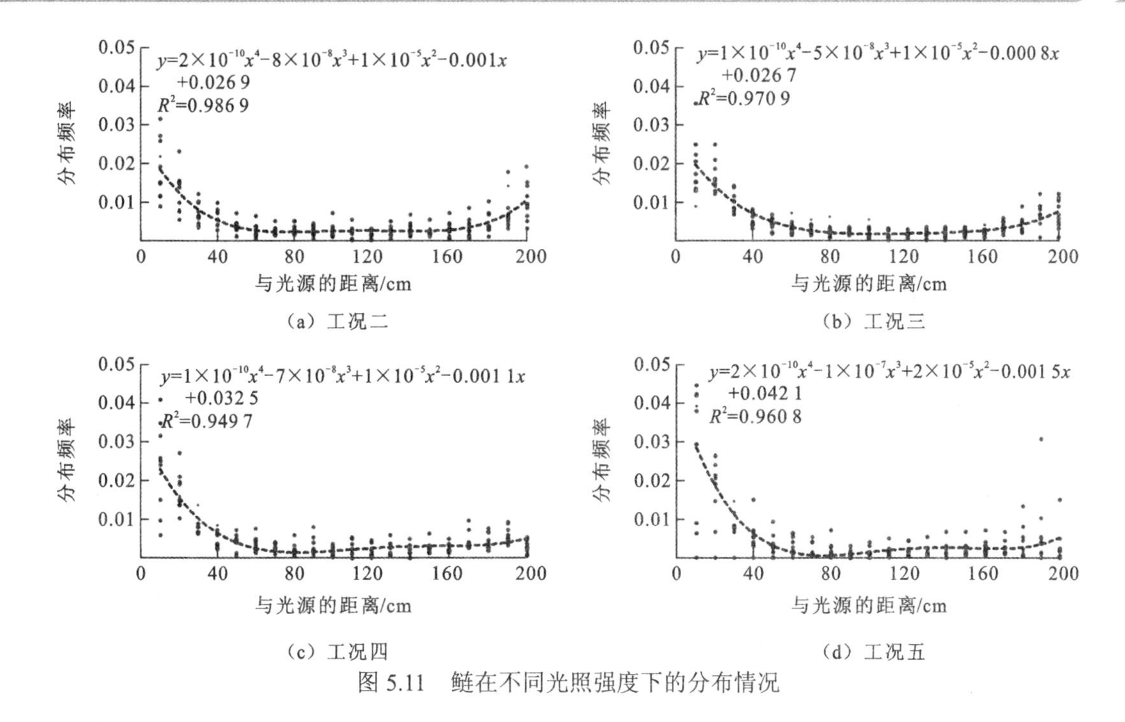

（a）工况二　　（b）工况三

（c）工况四　　（d）工况五

图 5.11　鲢在不同光照强度下的分布情况

为明显（图 5.12）。在与黑暗环境对比后（图 5.13），发现试验鱼更喜欢沿着试验水槽的边壁运动，尤其是首尾两个边壁，其次是试验区的四个边角，而不太偏好试验区其他位置。这说明两种试验鱼在试验水槽中都表现出一定程度的趋光性行为。

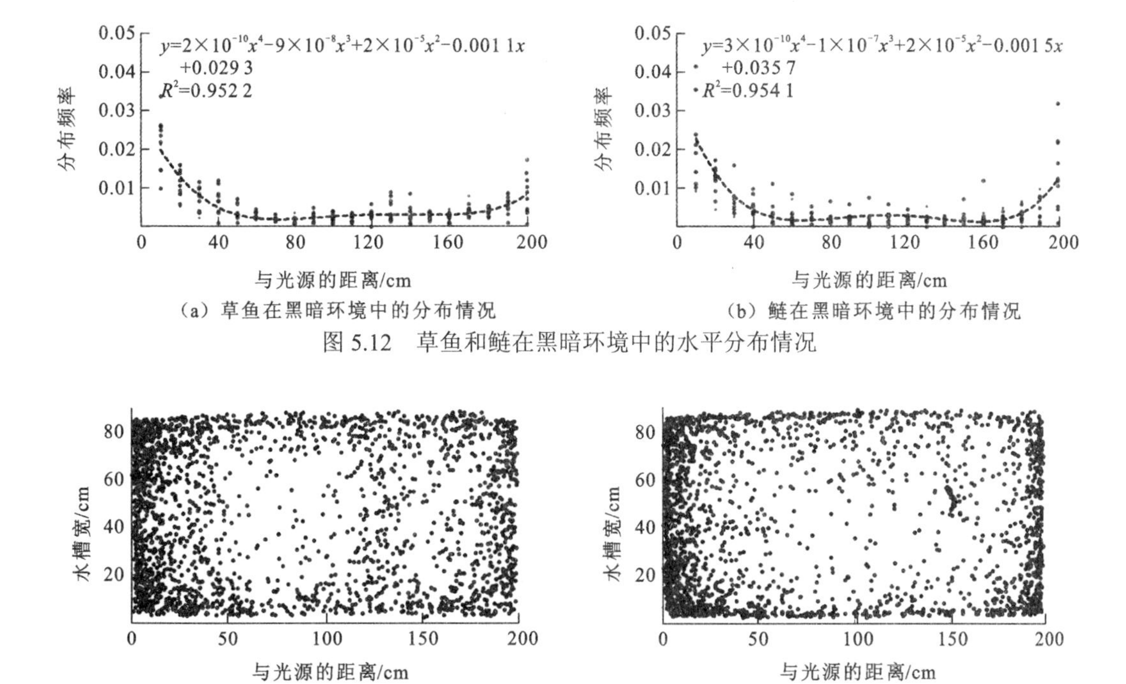

（a）草鱼在黑暗环境中的分布情况　　（b）鲢在黑暗环境中的分布情况

图 5.12　草鱼和鲢在黑暗环境中的水平分布情况

（a）草鱼在黑暗环境中的实际分布情况　　（b）鲢在黑暗环境中的实际分布情况

图 5.13　草鱼和鲢在黑暗环境中的实际分布情况

以光照强度为自变量，环境偏好指数为因变量进行回归分析，结果显示了草鱼在 4 种光环境下的环境偏好指数，如图 5.14 所示。环境偏好指数反映了试验鱼对该区域内光照强度的偏好程度，绝对值越大表示对该区域的偏好性越强。试验结果表明，在不同光环境下，草鱼的整体偏好趋势基本一致，即都偏好远离光源的光照强度区域，在近光源的区域呈现出明显的负偏好性。在光照强度为 10 lx 的环境中，草鱼在水槽中的环境偏好指数在 x<34.72 cm 时均为负值。这说明在此光照环境中，草鱼对距光源 34.72 cm 内的光环境都不喜好。随着光照强度增大到 100 lx，草鱼开始进一步向后退，在 36.06 cm 内的环境偏好指数都呈负值，结果表明光照强度的增大会使草鱼的负趋光性增强。当光照强度达到 1 000 lx 时，草鱼的负环境偏好指数区间开始减小，仅在 x<32.06 cm 的区域内表现出负值。而当光照强度增大到 10 000 lx 时，草鱼开始只对 x<22.74 cm 区域的环境偏好指数呈现负值，并且整个环境偏好指数都更接近于黑暗对照组的分布情况。这说明随着光强照度的增大，已经不仅仅是负趋光性在发挥作用，还激发了草鱼的其他行为反应。

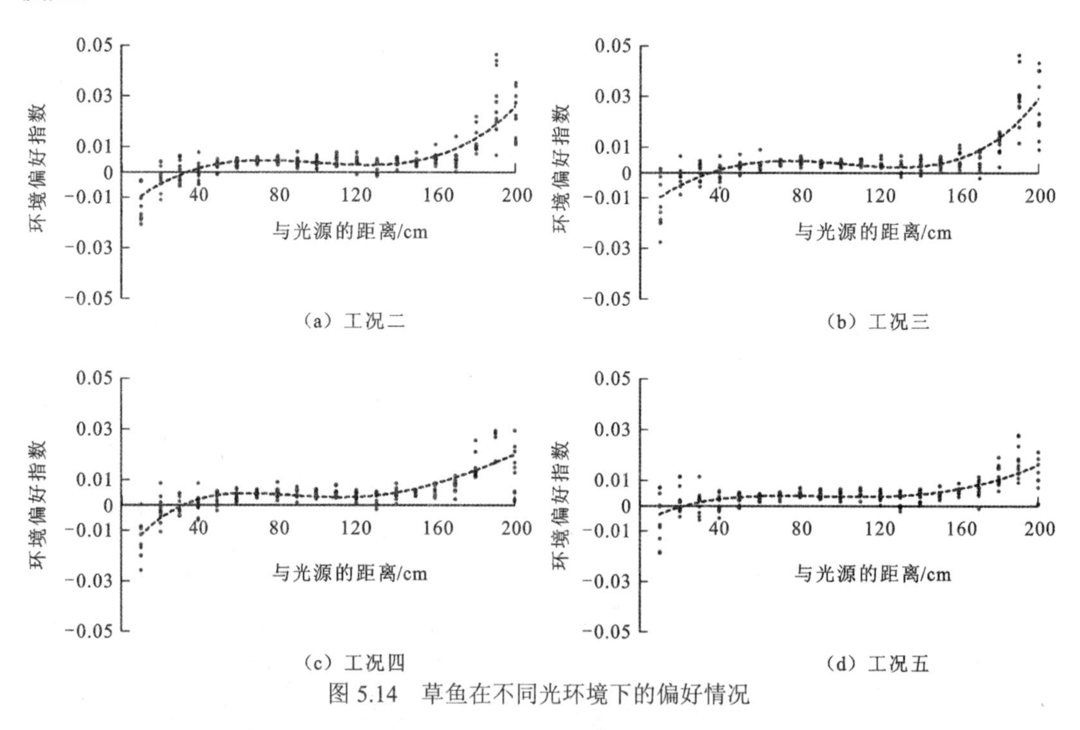

图 5.14　草鱼在不同光环境下的偏好情况

以光照强度为自变量、环境偏好指数为因变量进行回归分析后发现，鲢在 4 种光环境下的环境偏好指数如图 5.15 所示。从试验结果中可以观察到，在不同光环境下，试验鱼的分布趋势大致相似。无论在哪一种光环境中，鲢在整个区域内的环境偏好指数均为正值，这意味着在整个试验水槽中，试验鱼并没有明显的偏好。尤其在光照强度为 10 lx、100 lx 和 1 000 lx 的环境中，鲢在整个区域内的环境偏好指数也都为正，并且没有出现较大的波动。然而，当光照强度大于 100 lx 时，试验鱼却开始倾向于聚集在离光源较近的地方，这说明较高的光照强度同样会刺激鲢产生其他行为反应。

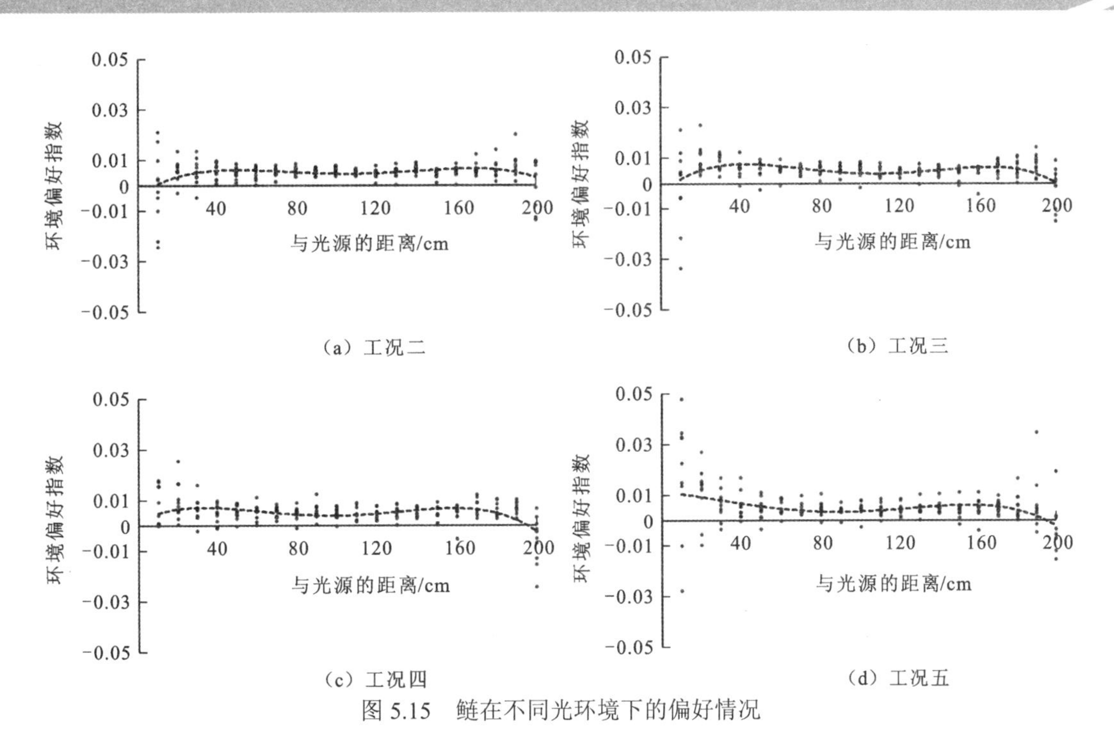

图 5.15　鲢在不同光环境下的偏好情况

（3）不同光照强度条件下草鱼和鲢对光照强度的期望选择研究。

图 5.16 显示了草鱼和鲢在五种不同光环境下与光源的距离期望值。草鱼在光照强度为 0 lx、10 lx、100 lx、1 000 lx 和 10 000 lx 时，其与光源的距离期望值呈现先增加后减小的趋势。具体数据为：10 lx、100 lx 和 1 000 lx 光环境下草鱼与光源的距离期望值无显著性差异（$P>0.05$），而光照强度为 0 lx 和 10 000 lx 时，草鱼与光源的距离期望值与

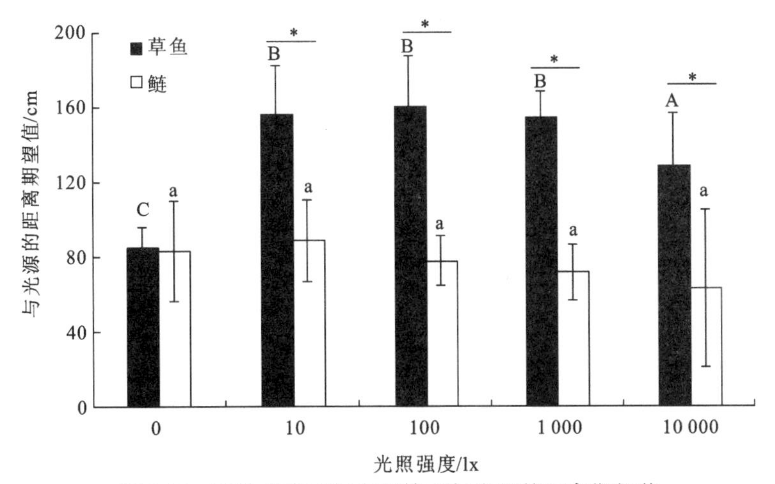

图 5.16　两种鱼在不同光环境下与光源的距离期望值

不同光照强度代表不同组别。

同一组别内，*代表同一光照强度下草鱼和鲢与光源的距离期望值具有显著性差异（$P<0.05$）；

不同组别间，大写字母不同代表不同光照强度下草鱼与光源的距离期望值具有显著性差异（$P<0.05$），小写字母相同代表不同光照强度下鲢与光源的距离期望值无显著性差异（$P>0.05$）。

其他三种工况的距离期望值存在显著性差异（$P<0.05$）。而鲢在光照强度为 0 lx、10 lx、100 lx、1 000 lx 和 10 000 lx 时，其与光源的距离期望值没有明显变化趋势。具体数据为：这几种光环境中鲢与光源的距离期望值没有显著性差异（$P>0.05$）。对比两种鱼在相同光环境下的距离期望值发现，在黑暗对照组（光照强度为 0 lx）两种鱼与光源的距离期望值没有显著性差异（$P>0.05$），但在其他四种光环境下，两种鱼的距离期望值存在显著性差异（$P<0.05$）。这表明两种鱼对光环境的选择有着明显的不同。在有光的环境中，草鱼与光源的距离会远大于鲢与光源的距离，说明草鱼更喜欢光环境较暗的区域。而随着光照强度的增大，草鱼与光源的距离期望值又开始减小，说明光照强度的增大会激发草鱼的一些行为反应，如应激反应和趋触性行为等。然而，鲢无论在黑暗环境还是有光的环境中，其与光源的距离期望值都没有明显的反应，并且对不同光环境也没有显著的偏好选择。

第6章 电驱鱼技术对鱼类的行为响应

6.1 引　　言

电驱鱼技术是一种利用电场对鱼类进行驱赶，使其远离危险区域，降低鱼类受伤的可能性，并将其导向鱼道，提高鱼道过鱼效果的新型驱鱼技术。该技术具有适用范围广，抗干扰能力强，驱鱼效果显著的特点，可广泛应用于水利工程及水产养殖等多个方面。为此，本章从水中电场、鱼类在电流作用下的反应及电驱鱼电学参数的比选设计3个方面介绍电驱鱼技术，分析电驱鱼技术存在的问题和应用前景，并介绍电驱鱼技术在3个典型过鱼设施中的应用。

6.2 电驱鱼技术的发展概述

近些年来诱驱鱼技术已越来越受到国内外学者的重视，如何利用新型的辅助诱驱鱼措施来实现导鱼是许多学者拟解决的问题。声音诱驱鱼技术局限性大，容易受到周边环境的干扰，如在大坝泄洪阶段所产生的水流冲击声会掩盖用以诱驱鱼类的声音（Gibson and Myers，2002；Loeffelman et al.，1991）。光诱驱鱼技术易受水体环境的影响，由于光信号在水中的衰减较为严重，在水体较为浑浊的情况下，光诱驱鱼技术的效果微乎其微（Gross and Wolfgang，2011）。气泡幕驱鱼技术产生的气泡幕容易受周边水域流速、流态的影响，且操作不便，不适用于大范围布置，具有较大的局限性。水流诱鱼作为一种工程中较为成熟的诱鱼措施，已经普遍地应用于国内外的各种过鱼设施中，如通过改变鱼道进口处的流速、流态来形成稳定的诱鱼水流（Green et al.，2011）。但是单一的水流诱鱼还不足以形成一种高效的诱驱鱼手段。电驱鱼技术利用鱼类在电场中的行为特征对鱼类进行驱赶，具有适用范围广，抗干扰能力强，驱鱼效果显著的特点，是一种具有潜力的新型驱鱼技术。

与国外相比，国内电驱鱼技术的研究起步较晚，拦鱼电栅工程的应用还不够成熟，且鱼道、集运鱼系统等过鱼设施的过鱼效果仍有待提升。为减小水利工程建设对水生生物所带来的一系列影响、提升各种过鱼设施的过鱼效果，研究与应用包括电驱鱼技术在内的辅助诱驱鱼措施已是大势所趋。

6.2.1　电驱鱼技术的研究进展

利用鱼类对水中电场所产生的各种行为反应，以实现诱导鱼、拦截鱼、驱赶鱼、捕捞鱼甚至杀鱼等的方法，称为“电渔法”，电驱鱼技术是“电渔法”中的一种（钟为国，1979a）。20 世纪初，国外学者就针对各式各样的水中电场开展了研究，如 Baker 等于 1928 年首次通过交流电来构建水中电场，使鱼远离哥伦比亚河流域的灌溉排水沟，但在当时并未取得实际效益，而且交流电对鱼体的刺激效应大，副作用时间长，导致了不少鱼类的伤亡（Erkkila et al.，1956）。在 20 世纪 50 年代，人们通过在水中设置电场来阻拦七鳃鳗（*Lampetra fluviatilis*）在五大湖支流中洄游产卵，以保护数量不断减少的湖红点鲑（*Salvelinus namaycush*），减少七鳃鳗对五大湖水生资源的掠夺，然而效果不如预期，导致过去人们对这项技术的接受度很低（Rodeles et al.，2020；Larinier，2008）。随着 20 世纪 80 年代脉冲直流电技术的进一步发展及相关经验的进一步积累，电驱鱼技术已逐渐应用于水库渔业和水利工程的建设中。在国外，“电渔法”已逐渐形成一个完整的体系，其中包括电捕技术对鱼类生长性能和胴体品质的影响、脉冲直流电对鱼类的生理作用、利用电信号对鱼类的驱吓作用进行拦鱼捕鱼，以及采用与其他诱驱鱼措施相结合的方式在工程实际中实现导鱼目的等方面。

在国内，电驱鱼技术的相关研究发展较晚，我国在 20 世纪 50 年代末至 60 年代初，曾尝试在江河、湖泊中通入交流电以形成水下电场，但大多数应用于电捕鱼行业中。由于在当时管理不当且缺乏经验，同时交流电对鱼体的刺激效应大、副作用在鱼体残留时间长，鱼种的数量急剧减少，水体中的藻类、浮游生物等水生生物大量死亡，所以国家明令禁止电捕鱼，并且颁布了相应的法律法规，加大了对电捕鱼的惩罚力度。这间接使得电驱鱼技术的发展停滞不前。到了 20 世纪 70 年代末期，国内的一些科研单位及相关学者吸取了过去的失败经验，总结了国外电驱鱼技术相对成功的案例，通过提高科研技术、加强理论知识、规范化管理等有效措施，进行了大量实践，证明电驱鱼技术是水利、渔业中一种重要的驱鱼手段。不少学者也因此针对鱼类对电信号行为反应的相关技术进行了大量的研究。

20 世纪 70 年代末，钟为国（1979a）提出了“电渔法”的基本概念，并系统介绍了鱼类在直流电场、交流电场、脉冲直流电场作用下的行为反应，加深了人们对“电渔法”工作原理的了解，也为后来的研究者提供了扎实的理论基础。随后，钟为国（1979b）总结归纳了影响鱼类对电信号行为反应的各种因素，包括鱼的种类、体长、生理状态、生活习性等与鱼体本身相关的因素和水体的导电率、温度，水体中所含的物质，水流的流速等与水体相关的自然因素。并且在电渔法基本讲座第三讲中，钟为国（1979c）系统阐述了水中电场的基本概念，介绍了偶电极式电场、分压式电场、多项电场 3 种典型电极的电场情况，并比较了这 3 种电场的优缺点，以及 3 种电场所适用的场景。钟为国作为我国“电渔法”事业的先驱者及奠基者，推动了我国电导鱼、电拦鱼、电驱鱼等技术的发展，在我国水利与渔业的发展历史上画上了浓墨重彩的一笔。

近些年来随着我国经济的快速发展及国家对水利、渔业的重视，鱼类在不同电场刺激下的行为反应已有大量的报告研究。如何大仁和蔡厚才（1998）研究了草鱼、鲢和鳙 3 种鱼对带电网片的行为反应，并进行分析与比较，得出了 3 种鱼类对网片周围电场的反应十分敏感，且鱼类的集群性减弱，四处窜游，并且带电网片对 3 种鱼类都有着明显的阻拦作用，阻拦效率随着鱼大小和种类的变化而发生改变的结论。该项研究为之后电驱鱼技术在鲢、鳙和草鱼中的应用提供了依据。根据底层鱼类的生活习性，许明昌和徐皓（2011）发现，在低脉冲电场的工作条件下，当脉冲频率为 5～10 Hz、脉冲宽度为 10～20 ms 时，驱鱼装置对底层鱼类黄颡鱼（*Pelteobagrus fulvidraco*）有着很好的驱赶作用，同时根据底层鱼类对低脉冲电场的回避作用，介绍了鱼类在电刺激下的行为特性、低脉冲电场对鱼类行为作用的机理、系统电气性能参数确定的依据、系统功能、硬件设施及效果等，对脉冲直流电驱鱼试验过程中可能出现的问题提出了针对性的解决方案。平慧敏等（1998）通过几次试验结果分析得出，脉冲宽度在 15～20 ms、脉冲频率在 5～14 Hz 时，脉冲电刺激能使鱼产生昏迷反应，取消脉冲电刺激后一段时间，鱼又能苏醒过来，不致使鱼类受到损伤。杨家朋等（2015）研制了一种脉冲电压、脉冲频率和脉冲宽度可调节的电赶鱼装置，通过改变电学参数来研究不同电场与鱼类行为之间的关系，并通过试验确定驱鱼效果最佳的电学参数，证明了该试验装置对鱼类起到了一定的驱赶作用。另外，鱼类具有趋阳性，在水中电场阳极的有效区域内，鱼会主动游向阳极，此时电流表现出一个诱集作用，而在水中电场阴极附近，鱼类的行为反应则完全相反，它们会游离阴极，此时电流表现出一个驱赶作用（钟为国，1979a）。这为我国水利工程建设中拦鱼电栅的设计及电学参数的确定提供了宝贵意见。

电刺激可能会对鱼类的行为、生理等产生负面影响。部分学者从生理层面上分析鱼类对电场的行为反应，为电驱鱼技术的发展提供理论基础。如陈冬明（2015）对 1 月龄的稀有鮈鲫（*Gobiocypris rarus*）施以电压为 75 V，电流为 0.28 A，持续时间为 5.5 s 左右的电刺激，发现较少次数的电刺激可以促进鱼体的生长和性腺发育，而连续的电刺激虽对雄鱼的生长和性腺发育影响较小，但会对雌鱼的生长和性腺发育起到抑制作用。也有一些文献表明，合适的电刺激也会对鱼类的生长、生殖产生一系列有利的影响，如凌长明等（2004）通过组合试验发现合适的电刺激能大幅度提高罗非鱼的存活率，当电压设置为 9 V，通电持续时间为 105 s，通电间隔为 90 min 时，罗非鱼的存活率可提高 30.9%。

6.2.2　拦鱼电栅的研究进展

基于电驱鱼技术原理设计并制造的水中电场发生装置，称为拦鱼电栅。拦鱼电栅作为电流的载体，在水中产生电场，用以控制鱼类的活动方向及运动范围，从而起到导鱼、驱鱼的作用。

影响拦鱼电栅驱鱼效果的因素可分为内在因素和外界因素两大类。内在因素主要包括鱼的种类、大小、体型、生理状态、鱼体皮肤特征及个体对水中电流的敏感性，这些因素都会导致鱼体对水中电场的行为反应的差异性（Thomaz and Knowles，2020；Savino and Jude，2001）。一般来说，有鳞片的鱼类对水中电场的敏感性会低于无鳞片的鱼类。

且普遍认为体长较长的鱼类对水中电场的行为反应会比小鱼更加敏感，这是因为在相同的电场强度下，体长较长的鱼体电压也较大，通往鱼体的电流也较大，故对水中电场的反应更加敏感，另外一种说法是体长较长的鱼类神经元也相对较长，而神经元的长短决定着鱼类对电流的敏感性，故神经元较长的鱼类对水中电场的敏感性也较强（Noatch and Suski，2012）。同时研究表明，鱼类的新陈代谢也会影响鱼对水中电流的敏感性。

外界因素主要包括鱼类生存水域中的各种环境因子及通入水中的电场。水的导电率影响着鱼在水中的实际鱼体电压（也称作状态电压），水体的导电率越高，鱼体所经受的电压也就越高。环境因素也包括水温，水温的变化会影响鱼类的新陈代谢，而鱼类的新陈代谢又与鱼对水中电场的敏感性有着直接关系，水温同时也会影响水体的导电率，从而间接影响拦鱼电栅的驱鱼效果。国内外大部分水域都是处于流动的状态，水流也会对拦鱼电栅的驱鱼效果产生一系列影响，有学者研究表明，低流速（小于 0.3 m/s）的水流条件对拦鱼电栅的驱鱼更加有利（Nutile et al.，2013）。如 Pugh 等（1970）发现，拦鱼电栅附近水域的水流流速对其驱鱼效率有很大影响：在水流流速接近 0.2 m/s 的情况下，美国亚基马河（Yakima）上某段流域拦鱼电栅设备的驱鱼效率达到 69%～84%; 在 0.5 m/s 的情况下，其驱鱼效率下降至 50%左右；而且随着水流流速的进一步增加，拦鱼电栅设备几乎完全失去驱鱼效果。如在水流流速为 0.15 m/s 的区域内，用于引导鲑鱼进入鱼道的拦鱼电栅有着 80%的引导效率，而在流速为 0.45 m/s 的区域内，引导效率降低至 62%（Chmielewski et al.，1973）。拦鱼电栅的设计是基于鱼类对水中电场的行为反应。加载在电极阵列中的电流形式与大小直接决定着拦鱼电栅驱鱼效果的好与坏，如水中交流电场对鱼体的刺激效应大，副作用时间长，会导致不少鱼类的伤亡，而脉冲直流电作出了许多安全改进，大大降低了对鱼类及其他水生生物的伤害。且鱼类对水中电场的行为反应随着电场强度的变化而显著改变，当鱼体离拦鱼电栅附近水域较远或水中电场强度较低时，鱼类不会产生异常的行为反应，而当水中电场达到某一强度阈值时，鱼类就会经历趋阳、逃离、昏厥等行为反应（Adam et al.，2013）。

20 世纪 90 年代以来，在水利工程中，电驱鱼技术越来越受到设计师们的重视，有关拦鱼电栅的设计与研究也越来越受到学者们的关注。如徐贵江等（1998）将悬挂式拦鱼脉冲电栅运用于西泉眼水库，相比于电栅未建前的大量鱼类外逃，以及传统的拦网和格栅造成的大量漂浮物堵塞，悬挂式拦鱼脉冲电栅在水库中起到了很好的拦鱼作用和排污效果。

为了解决大量鱼类在上溯过程中进入电站尾水或溢洪道下游处的问题，朱德瑜（2012）提出了在水电站下游河道处布置拦鱼电栅的 3 种不同设计方案，通过对各个设计方案进行电学计算，从各布置方案的阻拦效率、经济效益上分析，得出了拦鱼电栅与主流方向夹角为 60° 时，拦鱼效果最佳且设备投资相对较为划算。

为了防止一部分鲢、鳙顺水而下从溢洪道跑走，一些学者考虑利用拦鱼电栅进行拦鱼、导鱼，并从电栅位置选择是否妥当、电极阵列的几何参数选择是否正确、脉冲参数选用是否合理三个方面进行了阐述（钟为国，1983）。拦鱼电栅的工作原理很大程度上决定着拦鱼电栅的驱鱼效果，为此不少学者从电学角度展开大量的研究，如楼文高（1996）归纳了鱼的行为特性和拦鱼电场的分布是拦鱼电栅驱鱼效果的关键所在，分析了拦鱼电栅设计中电栅电学参数的不同理论计算方法的原理及本质、水中电场中电场强度矢量和电位的表示方法及它们对拦鱼电栅阻拦效率的影响。拦鱼电栅设计的理论公式十分复杂，主要是依赖经验公式估算，因此拦鱼电栅的推广和应用受到阻碍。楼文高和钟为国(1992)应用非线性回归技术，并经过显著性检验，得到了适用于拦鱼电栅设计的实用方程，并且将其与实测值、理论计算值进行比较，结果表明，本次研究得到的设计方程能够有效地替代理论方程，而且具有较好的实用效果，可为以后水利工程中拦鱼电栅的建设提供设计依据。分压式拦鱼电栅已在我国有着近 20 年的使用历史，但是对于计算拦鱼电栅水中电场电学参数的方法尚未统一。楼文高（1991）利用电磁场理论建立计算拦鱼电栅水中电场电学参数的数学模型，研究表明，等效电路法具有足够精度：当拦鱼电栅布置于离坝岸很近的地址时，使用电轴镜像法更有效果；在江河湖泊水面处，或离坝岸较远的区域，使用等效电路法得到的计算结果更加具有实际意义。逃鱼现象始终是拦鱼电栅在运行管理中不得不面对的一个问题，电极布置方法的不当会导致电极间形成大量的逃鱼通道。包得修和张雄（1990）通过绘制水库拦鱼电栅中电极阵列的等势面，指出了解决逃鱼问题的关键在于使逃鱼通道的等势面不穿过电极阵列。

在国外，为了验证拦鱼电栅驱鱼效果的有效性及合理性，Marzluf（1985）与 Bernoth（1990）根据鱼在水中电场下的应激反应设计了一种拦鱼电栅设备，其基本结构如图 6.1 所示。主电极布置在设备的前部，相反电极布置在其后面。根据设备结构的尺寸，一排安装着多个电极。脉冲发生器用于周期性地切换电流的方向，这样电极将交替地充当阳极或阴极。并可以根据不同的水体条件，设置不同的电学参数。与大多数诱驱鱼措施一样，鱼类可能会对拦鱼电栅产生适应性。为了达到更好的驱鱼效果，该拦鱼电栅设备以可调节的电学参数运行。

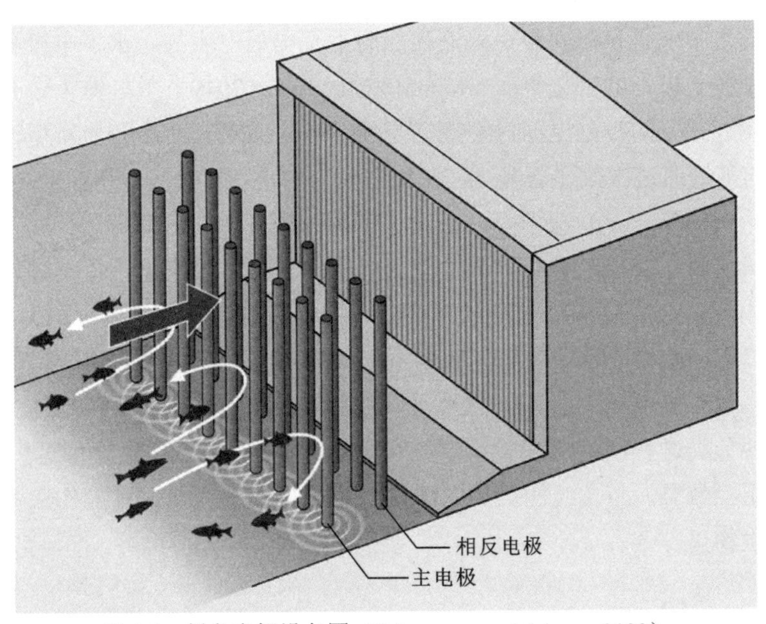

图 6.1　拦鱼电栅设备图（Schwevers and Adam，2020）

为了测试拦鱼电栅在野外条件下驱鱼作用的有效性，Egg 等（2019）在德国代根多夫（Deggendorf）多瑙河（Donau）上泵站的进水口处设计并安装了一种新型的拦鱼电栅，同时在通电与不通电的操作模式下使用自适应分辨率成像声呐来观察记录区域内鱼类的行为（图 6.2）。研究表明，在平均水温为 4.38℃、平均水流流速为 0.5 m/s 的情况下，拦鱼电栅对 72%的鱼类起到了很好的驱鱼效果，在水电站过鱼过程中，新型的拦鱼电栅将会是降低鱼类损伤率的一个有效解决方案。

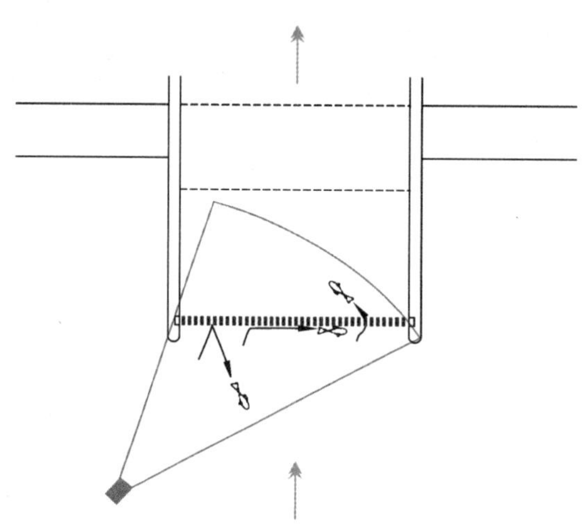

图 6.2　拦鱼电栅布置图（Egg et al.，2019）

在确立了拦鱼电栅作为一种合理、有效的辅助驱鱼方式之后，许多学者针对拦鱼电栅的设计与优化进行了深入研究。为了保护电极不受河流碎屑、漂浮物的影响，在研究初期大多数的水中电场是由安装在河流底部的水平电极产生的。水平电极和垂直电极之间的主要区别在于电场的变化平面。Kim 和 Mandrak（2019）以虹鳟为试验对象，探讨垂直电极布置方式下的拦鱼电栅对虹鳟行为的影响。结果表明，开启新型设计的拦鱼电栅后，虹鳟的平均通过次数显著减少，在相对较弱的电压梯度（电压梯度：20～40 V/m，功率密度：3～42 μW/cm^3）范围内，该设备可以抑制虹鳟的运动。

Parasiewicz 等（2016）介绍了一种拦鱼电栅，它可以用来阻止鱼类进入水电站尾水口，并引导它们进入鱼道进口。这种新型拦鱼电栅设计能够连续产生不均匀的低压（50～80 V）电场。它由两组固定在基底上的钢电极（正电极和负电极）组成，每个电极的顶部装有浮标，以保持其垂直位置。试验设计了三种正负电极的不同布置位置，并对 14 种不同大小的鱼类进行试验，发现在流速小于 0.20 m/s 的条件下，该设备对 93.8%～98.2%的鱼类有着阻拦效果，与传统的拦鱼电栅相比，这种新型拦鱼电栅操作成本低，对鱼类和其他水生生物更安全。

6.3　电驱鱼的关键技术

拦鱼电栅的设计与优化是近些年来国内外学者较为关注的问题之一。水中电场的电流形式、电极阵列的排列方式及电极管的规格与材质等都会较大程度地影响拦鱼电栅的驱鱼效率。拦鱼电栅根据其正负电极的排列方式可以分为单排式拦鱼电栅、双排式拦鱼电栅及多排式拦鱼电栅，根据拦鱼电栅电极的排列方式不同，其供电方式也不尽相同。多排式拦鱼电栅因其高额的成本与布置的复杂性，目前在国内外都较少应用。我国目前应用最广泛的拦鱼电栅装置为 LD-1 型单排式拦鱼电栅，是从苏联引进并结合了我国的具体工程条件改制而成，近些年来已在我国的水库、溢洪道、厂房尾水等处发挥了不错的拦鱼、导鱼作用，但也存在着经济效益低下的问题。一般来讲，单排式拦鱼电栅采用分压式电极阵列，而双排式拦鱼电栅采用偶电极式的电极系统（图 6.3），与分压式电极阵列相比，这种电极阵列布置方式简单，更适用于水域范围不大的水体中。同时这种双排式拦鱼电栅能够产生近乎平行的电场线，当鱼类游入双排式拦鱼电栅水中电场的作用范围时，电场线几乎能够贯穿整个鱼体，与单排式拦鱼电栅相比，在同种功率下，鱼体感受到的电场刺激作用更强。因此，双排式拦鱼电栅更加经济、高效，且更加适合试验区域不大的室内试验。

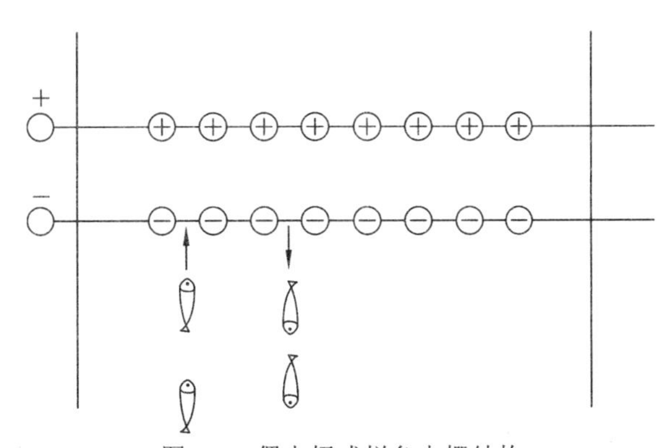

图 6.3　偶电极式拦鱼电栅结构

脉冲式拦鱼电栅将拦鱼电栅作为脉冲直流电的载体，通过在水中产生一个无形的电网以刺激鱼类神经肌肉系统，当电流达到某一数值时，鱼类开始惊慌不安地窜游，企图逃离电场，以达到拦鱼、驱鱼的目的。其工作原理是通过斩波器将输入的交流电整流后以直流电输出，并反复短时间地关断电路，得到一定幅度与宽度的脉冲电流，然后将这种脉冲电流输出到电栅上。

6.3.1　水中电场

根据电学原理，通常按照欧姆定律公式计算电流，这一公式对于水中电流同样适用，其公式为：*I*=*E*/*R*（式中：*I*为水中电流，*E*为负载两端的电压，*R*为水中的流散电阻）。与电流在金属导体中的传播机制不同，水中的电流是依靠离子在电场作用下向与自己极性相反的电极移动形成的。其分布通常是不均匀的，距离电极越近，则电流越多。电流在水中的传播类似于墨水在水中扩散，因此水中电流也被称为“扩散电流”或“流散电流”。水中的电阻也被称为“流散电阻”，其电阻值不是水的固有属性，而是由电极几何参数、边界条件、供电方式和水的电阻率等因素共同决定的。水中某点的电场强度，即某点的电压降，就等于该点的电流密度与单位体积水体电阻的乘积。当水体均匀分布时，各点的电阻值相同，水中电流的分布就决定了电场的分布，即电流密度越大的位置，电场强度越大。水中两个大小相似但极性相反的电极附近的电压梯度（虚线）和电流（实线）分布图如图 6.4 所示。

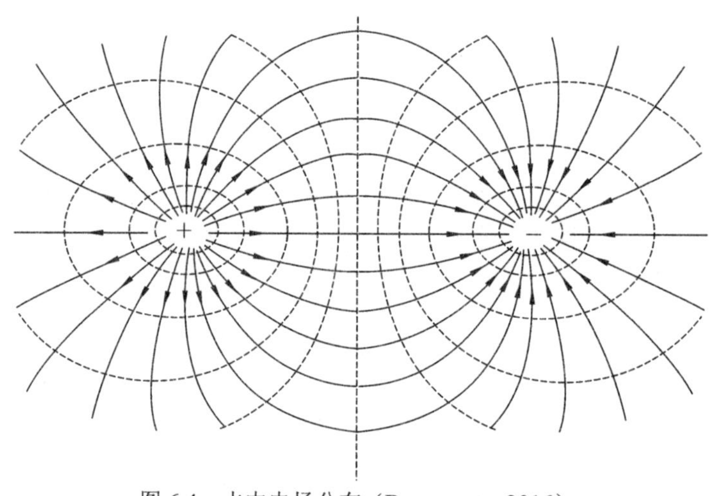

图 6.4　水中电场分布（Beaumont，2016）

6.3.2　鱼类在电流作用下的反应

鱼类对电流有着独特的应激反应，当水中有电流通过时，鱼类会受到电流的刺激作用，当电流超过了某一临界值时，鱼类就会失去常态，出现异常反应（陈冬明 等，2016）。异常反应具体表现为惊慌失措、惶恐不安地四处游窜并力图逃离电场，随着通入鱼体电流的增加，这种反应尤为明显，部分鱼体甚至会失去运动控制，产生昏迷反应。电流如水流，光照，水中的温度、声音、压力等一样，属于一种物理性环境刺激因子。陈冬明等（2016）指出当鱼感受到电刺激时，鱼的神经系统最先受到影响，尤其是呼吸中枢，表现为呼吸节律加快，并迅速作出反应，逃离水中电场；然后引起肌肉系统收缩、抽搐，导致心脏及呼吸器官衰竭；最终使血管系统受到影响，表现为血液中产生乙酰胆碱，产生麻痹作用，同时会使体内的一系列生物化学反应发生变化（殷名称，1995）。鱼的这些行为反应随着电场强度、电流形式、水的导电率、鱼体位置等的变化而显著变化。目前，电流的形式主要有交流电、直流电、脉冲电三种，不同的电流形式对鱼的作用效果各不相同。

1. 交流电场下的鱼类行为反应

当鱼处于通以交流电的水中电场时，根据欧姆定律 $I=E/R$，随着电场强度的从零递增，通往鱼体的电流也随之增加，当电流增加至某一临界值（称为“阈值”）时，鱼体会感受到水中电场的刺激而惊慌失措地窜游，但鱼依然保持着判断方向的能力，能够对外界的刺激作出反应，这一阶段我们称为初始阶段。随着电场强度的继续增加，鱼开始惊恐不安，表现为鱼体微微颤动，有时缓和有时急促地游向阳极、远离阴极或逃离电场，这种反应称为鱼的趋阳反应，此阶段我们称为麻醉阶段。当电场强度在此基础上继续增加时，鱼就会经历昏迷反应，具体表现为鱼体僵直，游动缓慢或停止，身体侧翻，漂浮于水面上，失去了运动控制，呈假死状态，这个阶段我们称为击晕阶段。根据鱼的体型、大小和种类的不同，鱼对这三个反应阶段的阈值都不尽相同。同直流电、脉冲电相比，鱼对交流电的这三个反应阶段的阈值都相对较低，故交流电对鱼的刺激性强，作用时间长。20 世纪 30 年代，国外利用交流电进行电捕鱼曾盛极一时。然而，鱼体被交流电击晕后恢复较慢，鱼体极易受到伤害，因此《中华人民共和国渔业法》明确规定，禁止采用电捕鱼等破坏渔业资源的方法进行捕鱼。

2. 直流电场下的鱼类行为反应

当鱼处于通以直流电的水中电场时，根据欧姆定律 $I=E/R$，随着电场强度从零递增，通往鱼体的电流也随之增加，当电流达到能使鱼体产生应激反应的阈值时，鱼体开始惊慌失措地窜游，这种行为与鱼体处于交流电的水中电场时类似。随着电场强度的逐级递增，直流电场的鱼也会出现趋阳反应，且在通以直流电的水中电场里，无论是鱼横穿在电场线中（即电极在鱼体的两侧），还是鱼头朝向阴、阳极，只要电场强度足够，都会产生趋阳反应。鱼的趋阳反应在直流电场中尤为明显。电诱鱼技术就是利用鱼对直流电的这种趋阳性定向地控制鱼类运动方向及活动范围。在通以直流电的淡水水域中，鱼的趋阳性还与水的导电率有关，一般地，水的导电率越高，鱼的趋阳反应越明显，反之，趋阳反应则越不明显。故在低导电率的淡水水域中，鱼类对直流电的行为反应并不明显。

3. 脉冲直流电场下的鱼类行为反应

与交流电、直流电这两种电流形式相比，脉冲电可以说是电驱鱼技术最理想的电流。脉冲电流（这里指的是脉冲直流电）是指电流在电路中短暂地起伏，也就是说脉冲直流电不是连续通电，而是以一定的脉冲频率与脉冲宽度时通时断，以一个周期的时间往复进行着（董艳凤，2007）。鱼对脉冲直流电的三个反应阶段与直流电、交流电相类似，但从达到这三个反应阶段的阈值来看，脉冲直流电相对来说要比直流电高些。同时在趋阳反应这一阶段中，处于脉冲直流电水域的鱼体容易迷失方向，出现了鱼在原地固定不动的情况。这是鱼在直流电场、交流电场中很少会出现的。

从鱼体对脉冲直流电的应激反应来看，脉冲直流电具有独特的优点。它对鱼体的生理效应最大，但对代谢的残留效应最小。换句话说，就是脉冲直流电对鱼体的刺激效应最强，但是断电后的持续作用时间最短，不同程度击昏效果的鱼体会在断电之后或逃离水体之后苏醒过来。而直流电和交流电在通电结束后对鱼类的残留作用则比脉冲电流大得多，即副作用大，这是通过比较鱼类在通电和断电后的耗氧量、呼吸频率等标志代谢强度的要素得出来的重要结论。

同时，脉冲直流电具有参数可调的脉冲电压、脉冲频率和脉冲宽度。脉冲电压就是指加载在水中的电压，根据欧姆定律及电场原理，脉冲电压作为最重要的电学参数，直接影响着水中电场的电流大小，脉冲电压取值的合理性决定脉冲直流电对鱼体作用效果的高效性，人、鱼类和其他水生生物的安全性。脉冲频率是指一个周期内脉冲直流电刺激鱼体的次数，脉冲宽度是指一个周期内直流电每次刺激鱼体所作用的时间。各个电学参数之间相互独立又相互关联，每个参数的变化都会影响脉冲直流电对鱼体的作用效果。由于脉冲直流电自身有着多变的电学参数，可调节这些电学参数的数值以适应不同种类、大小的鱼体所需的各个阶段的反应阈值。同时，脉冲直流电的间断性通电，可以给水中鱼体一个缓冲时间，因此鱼类可以迅速地对水中电场作出反应，大大地降低鱼体因水中电场作用而受到损伤的概率。脉冲直流电对鱼的刺激作用有着广阔的应用前景，已经在医学、生药、水产、渔业、水利等多方面广泛应用。

6.3.3 电驱鱼的技术方案比选

1. 电极的布置方式

电极布置方式可分为水平布置和垂直布置，两者各有特点，适用于不同的情况。水平电极一般安装在河流底部，受水中杂物和高流速影响的可能性相对较小，但靠近水面位置的电场较弱，主要适用于浅水（Johnson and Miehls，2013）。而垂直电极一般会被悬挂在架空电缆中。对于有航运要求的河流，也可以使用表面或地下浮子在底部固定以保持垂直。与水平电极相比，垂直电极产生的电场在阻拦和引导鱼类时可能更加有效和灵活，其电场通常不会随深度增大而减弱，整个水体都能产生一致的电压梯度。早期研究表明，在实际应用时，悬浮垂直电极系统并未因悬浮的杂物而损坏或移位，证明其稳定性较强，且安装垂直电极不需要进行河道改造，安装过程相对方便，能够节约成本（Johnson et al.，2014），因此垂直电极在实际应用时可能更具有实用性，近年来有关电驱鱼的相关研究也以垂直电极为主（Johnson et al.，2016）。在实际应用时，也可以同时使用垂直电极和水平电极，以达到更好的驱鱼效果。

2. 参数组合的确定

在使用脉冲直流电时，只有选择合适的参数组合，才能充分发挥其优越性，在提高电驱鱼系统的安全性和有效性的同时，降低能耗，节约成本。其中对脉冲直流电驱鱼效果影响较大的参数包括脉冲电压、脉冲频率和脉冲宽度。

脉冲电压是指加载在水中的电压，通常在水中距离电极越远的位置电场强度越弱，脉冲电压的大小也就决定了电场的作用范围。当水中电阻一定时，脉冲电压还会直接影响水中电场的电流大小，使鱼类产生不同的反应。基于鱼类在脉冲直流电场中的反应可知，实现电驱鱼效果主要依靠阴极附近产生的排斥场，对脉冲电压要求较低。在确保能够达到驱鱼效果且作用范围较小的情况下，应当优先采用低压电，既能提升安全性，降低鱼类进入电场后受伤的可能性，又能降低能耗，从而降低运行成本。近些年来，Parasiewicz 等（2016）研究出具有一定阻拦和引导效果的低压电导鱼系统，并通过试验验证了其可靠性。将电压控制在 50～80 V，即可有效阻拦鱼类。对体长为 5.4～46.6 cm 的多种鱼类进行测试后发现，当水流流速小于 0.2 m/s 时，超过 90%的鱼类都无法通过该装置。在对自然条件下的鲤进行测试时发现，该装置电压设置为 70 V 时就能有效阻止向上洄游的鲤，并将其引导至指定位置（Bajer et al.，2018）。

脉冲直流电的驱鱼效果还与脉冲频率和脉冲宽度有关。脉冲频率是指一个周期内脉冲直流电刺激鱼体的次数。一般来说，频率越高，鱼类的反应越强烈，但也会增加对鱼类造成伤害的可能性。Sternin 等（1976）发现，增加脉冲频率会导致鱼的电导率明显增加（由于鱼肌肉细胞膜的电容下降），进入鱼体内的电流增多。而能量转移理论的支持者 Kolz（1989）认为更高的脉冲频率会给鱼提供更多的能量，从而增加鱼受伤的可能性。可以看出，使用较高脉冲频率的脉冲直流电虽然能取得较好的驱鱼效果，但会增加对鱼类造成的伤害，因此需要选择具有驱赶效果而又不伤害鱼类的适宜的脉冲频率。

脉冲宽度是指一个周期内直流电每次刺激鱼体作用的时间，有时也会以占空比（电流在一个周期内流过的时间百分比）的形式出现。脉冲宽度对鱼类的影响与脉冲频率类似，当脉冲宽度变大时，电场中鱼类的反应会变得更剧烈，甚至可能进入昏迷状态。单一改变某个参数往往难以取得较好的效果，在现阶段的试验中通过控制变量确定的脉冲频率和脉冲宽度组合，对鱼类保护更有利。以鲫和黄颡鱼为例，当脉冲宽度为 5 ms、脉冲频率为 3 Hz 时和脉冲宽度为 10 ms、脉冲频率为 1 Hz 时，对目标鱼类具有驱赶效果且不会伤害鱼类（许明昌和徐皓，2011）。针对草鱼幼鱼的试验表明，在静水条件下，当脉冲电压为 80 V、脉冲宽度为 16 ms、脉冲频率为 6 Hz 时，拦鱼电栅的拦鱼效果最佳（石迅雷 等，2021）。鱼类在电场中的反应受多个参数（如脉冲电压、脉冲频率、脉冲宽度等）影响，在进行参数选择时会相互影响，当脉冲频率较低时需要更大的脉冲宽度；当脉冲宽度减小时，需要更高的脉冲电压。确定合适的参数组合对电驱鱼技术的发展具有十分重要的意义，也是电驱鱼技术得以广泛使用的前提条件。

3. 影响电驱鱼效果的因素

1）鱼的种类和体长对电驱鱼效果的影响

不同鱼类对电的敏感性不同，因此即使在同一电场（同一位置）中也可能表现出不同的反应，而这种现象可能是鱼类的皮肤特征和导电性不同造成的。Sternin 等（1976）证实，鱼类皮肤神经分布的差异性会影响它们的反应，并发现鱼鳞类型和鱼皮会影响导电性，较大的鱼鳞或黏液皮能够“屏蔽”部分电流，降低电场对鱼类的影响。钟为国（1979b）

也认为，鱼体表面是否存在鳞片、黏液的厚度会影响鱼对电的敏感性，一般有鳞片的鱼和黏液较厚的鱼对电刺激的敏感性相对较弱。相比于鱼的种类对电驱鱼效果的影响，更多学者倾向于研究鱼的体长对电驱鱼效果的影响。Bary（1956）认为，引起鱼的反应所需的电压梯度与鱼的长度（以及基于脉冲宽度的两个常数）有关。Taylor 等（1957）测试了在直流电场中，不同体长的虹鳟在不同电压下的反应，发现电压梯度对虹鳟的作用效果随体长增加而增强。但 Anderson（1995）发现，用电捕获褐鳟（*Salmo trutta*）的概率起初会随体长的增加而增加，当体长超过 25 cm 后则无明显差别。根据钟为国（1979b）的电渔法基本讲座第二讲，大多数学者都认为，体长对鱼类的影响是在固定电压梯度的电场中，鱼体长则压差大，经过鱼体的电流也越多，鱼类所受的影响就更大。还有部分学者认为，大鱼受电场影响更大与鱼类神经元的长度有关，即大鱼所对应的神经元更长，因此对电刺激的敏感性更强，但之后的研究发现鱼类神经元的最长长度为 4 cm，神经元长度的影响对小鱼较重要，对大鱼却影响较小。虽然部分研究已经证实在一定范围内，大鱼（体长大）比小鱼更容易受电流影响，但其影响机制目前尚未明确，需进一步地研究分析。

2）电导率对电驱鱼效果的影响

水的电导率是一种衡量单位体积水的导电能力的物理量，与水的电阻率互为倒数。水的电导率一定程度上决定了电场的有效面积和对鱼类的作用效果，对电场的有效性有着很大影响。当水的电导率增加时，电阻率减小，鱼体在水中承受的实际电压变大，反应更为强烈，但达到最佳驱鱼效果所需要的功率也更大。水的电导率还会影响电场的有效面积，当水的电导率较高时，电场的有效面积也会扩大。除此之外，当对河流底层生物具有阻拦要求时，底质电导率将会影响电屏障的阻拦效果。钟为国（1979b）指出，当底质电导率较高时，更多电流会从底质通过，从水中通过的电流变少，电场对鱼类的作用效果也就更弱。Scholten（2003）进行捕鱼时，在污泥（电导率大于沙子和砂石）底质上的捕鱼范围比在沙子和砂石底质上的范围减小了 20%～30%。

3）水温对电驱鱼效果的影响

水温可从多个方面影响电驱鱼的效果。首先，水温会影响水的电导率。研究表明，水的电导率会随水温的增高而增加，0 ℃时水的电导率比 20 ℃时水的电导率降低了 40%，因此在记录电导率时还需要记录对应时刻的温度。同时，水温还会影响鱼类对电场的响应。Hall（1986）发现，当水温低于 6 ℃时，电捕鱼设备无法有效地收集大口黑鲈（*Micropterus salmoides*）。Justus（1994）也发现，在较低的水温下，使用电捕鱼设备对扁头鲶（*Pylodictis olivaris*）的采样效果较差。在低温条件下，电流对鱼的作用效果较差，可能是温度影响了鱼的兴奋性和代谢率。Halsband（1967）研究了鱼类在不同温度下的代谢水平，发现鳟鱼在 5 ℃、10 ℃和 15 ℃时的呼吸频率分别为 50 次/min、114 次/min 和 145 次/min，即温度越高，代谢水平越高。鱼的兴奋性（以及由此产生的最初惊吓反应的距离）会随着代谢率的增加而增加（Noatch and Suski，2012），当温度下降时，鱼类神经的反应时间变长，兴奋性随之降低，需要通过增加脉冲宽度提升对鱼类的刺激效果，以提高捕获率。在一定范围内，随着温度的升高，鱼类的代谢率和兴奋性都会有所提升，在受电场刺激后能够快速逃离电场，对于电驱鱼系统十分有利。

4）流速对电驱鱼效果的影响

除了电导率和水温，流速也是制约电驱鱼系统发挥引导作用的重要因素之一。一般在低流速情况下使用电驱鱼系统都具有一定效果，例如在流速小于 0.3 m/s 的环境下，用电引导银大麻哈鱼（*Oncorhynchus kisutch*）和虹鳟向下游迁移具有可行性。但电驱鱼系统对鱼的引导效果一般都会随流速的增加而降低，这可能是因为鱼在高流速（≥鱼的临界游泳速度）情况下更难控制自身运动（Pugh et al.，1970）。使用 125 V 的脉冲直流电（脉冲宽度为 20 ms，脉冲频率为 15 Hz）对幼年鲑鱼进行引导时，在 0.2 m/s 的流速条件下，引导效率为 69%～84%；在 0.5 m/s 的流速条件下，引导效率降至 40%～53%。同样，在使用脉冲直流电导航装置对七鳃鳗进行引导时发现，低流速时往往引导效果很好，但当流速增加到一定数值后，电场对七鳃鳗的引导率就开始显著降低。

5）金属船只对电驱鱼效果的影响

除上述因素外，具有导电性的金属船只也对电驱鱼效果存在一定影响。以具有通航要求的河流为例，部分具有金属外壳的船只在通过电屏障时将会影响电屏障的阻拦效果（Davis et al.，2017）。Dettmers 等（2005）发现，在钢驳船前面的鱼会受到极高的电压，但在钢驳船旁边或尾部游动的鱼会找到一个电场影响大大减小或完全消失的屏蔽点。Sparks 等（2011）研究发现，如果一条鱼在进入电场时离钢驳船足够近，船壳就会减小电场；当它保持靠近船壳的位置，就可以避免在穿过电场时受到冲击。相对于不导电的玻璃纤维船壳，钢驳船壳和铝船壳都能使电场对鱼的影响出现延迟现象（Parker et al.，2015）。出现这种现象的主要原因是，金属驳船外壳会扭曲电场，并创造一些空隙，使得鱼类可以在其中自由游动。之后的标记和捕获试验为验证这一猜想提供了直接证据，其结果表明小型鱼类可以被钢驳船夹带，躲藏在空隙中通过电屏障（Davis et al.，2016）。除了造成电场畸变外，移动钢驳船周围的流体力学特性也会影响电屏障的有效性，但其机制尚未完全明确。

6.4　电驱鱼技术的综合评估与展望

6.4.1　电驱鱼技术存在的问题

当前电驱鱼技术已经在部分领域得到应用，但仍然存在一些问题制约着电驱鱼技术的进一步发展，主要问题如下。

（1）电驱鱼系统的操作和运行成本较高，在自然环境下电极耐久性较差，无法长期持续稳定工作。

（2）电驱鱼系统对不同种类和大小的鱼类的作用效果不同，很难找到合适的参数组合，既能保证安全性又能达到较好的驱鱼效果。

（3）电驱鱼系统对鱼类的作用效果是否会随时间推移而减弱尚未进行研究，同时目前也尚无文献证明鱼类对电场是否存在适应性及多长时间后开始适应。

6.4.2　电驱鱼技术的可行性分析

电驱鱼技术虽然存在部分问题尚未解决，但在实际应用时取得的效果充分证明了这一技术在大江大河中运用的可行性。1956 年，在苏必利尔湖（Lake Superior）下游的两条支流使用的电屏障有效阻止了入侵的七鳃鳗向上游洄游，成年七鳃鳗数量大幅度减少（Mclain，1957）。Pugh 等（1970）在钱德勒（Chandler）运河进行的野外试验表明，当流速接近 0.2 m/s 时，电驱鱼装置对大鳞大麻哈鱼和银大麻哈鱼的引导率超过 80%。在芝加哥环境卫生和航运运河（Chicago Sanitary and Ship Canal）内设置的电屏障也达到了预期效果，有效阻止了亚洲鲤（青鱼、鲢和鳙）的扩散。

6.4.3　电驱鱼技术的应用前景

1. 智能电子脉冲拦鱼装置的应用

20 世纪 90 年代以来，电驱鱼技术在国内快速发展，部分工程中已经进行了拦鱼电栅的设计和应用（王久林 等，1995）。但传统的拦鱼电栅无法突破当前电驱鱼技术的局限性，未来，电驱鱼技术需要注重与计算机等新型技术结合，智能电子脉冲拦鱼装置的研究和应用必将成为重点研究方向。根据当前国内的技术水平和研究进展，在推进拦鱼电栅智能化的同时，需要完善电驱鱼相关理论，并通过试验确定不同工况下最优的参数组合。随着试验次数的不断增加，逐渐确定各电学参数间的相互关系和各工况下的最优参数组合，结合计算机的快速运算和分析能力，有望使拦鱼电栅实现智能化。智能电子脉冲拦鱼装置将根据实际水流条件调整参数组合，使水中电场始终保持良好的驱鱼效果。此外，智能电子脉冲拦鱼装置能对水中电场进行实时监控，当电路发生故障时自动报警，进一步提升电驱鱼系统的可靠性和实用性。王明武等（2019）已经尝试将“互联网+”应用于电栅拦鱼技术并取得了一定的成果，伴随着互联网的加入，拦鱼电栅的后续发展将具有无限的可能性。

2. 便携式电导鱼系统的应用

与其他诱驱鱼技术相比，电驱鱼成本相对较高，如何降低成本和拓展其应用领域应当成为短期内电驱鱼技术发展的重点。当前对电驱鱼技术的研究侧重于对鱼类的阻拦效果，以防止其逃离水库或到达危险区域。实际上，通过改变电极位置和参数组合，水中电场就能够同时发挥驱和导的效果，将鱼类引导至指定位置。将阳极摆放在对鱼类有利的位置，而阴极摆放在危险区域，利用阳极的吸引区和阴极的排斥区的双重作用，强化电场对鱼类的引导效果。将电导鱼系统与各种过鱼设施结合，将有助于鱼类避开危险区，进入鱼道入口处或捕鱼船的捕鱼区域，极大地提高过鱼效率。为了进一步降低成本，应当研究如何进一步简化电导鱼系统，向便携式方向发展，以便在特定时间进行快速安装。在确定目标鱼类后，可以根据其生活习性在特定时间段进行安装和开启，减少电导鱼系统的工作时间，增加电极的使用年限。任何单个电屏障都可能会由于断电、缺乏维护和人为错误而无法正常工作，无法长时间持续运行。因此，在鱼类活跃度较低时，可以对便携式电导鱼系统进行回收、维护和检修，防止其在工作时出现故障。Johnson 等（2016）在野外试验中使用便携式电导鱼系统拦截住 75%的海鳗（*Muraenesox cinereus*）上溯，Bajer 等（2018）将 74%的鲤引入人为设计的通道，说明便携式电导鱼系统具有广泛的应用前景。虽然国内关于电驱鱼技术的研究相对较少，部分影响电驱鱼效果的机制尚未明确，但这一技术具有巨大的潜力。相信随着科学技术的发展和相关试验的进行，限制电驱鱼技术发展的诸多问题都将被解决，电驱鱼技术也将更为广泛地应用于鱼类保护中。

6.5　电驱鱼技术在过鱼设施中的应用

6.5.1　应用现状

鱼对水中电场具有独特的敏感性，电信号被证实对鱼类具有很好的驱赶作用与细微的诱集作用，安全的电流对人和水生生物无害，同时对生态环境十分友好，在合适的电学参数下电信号驱鱼效果显著。在国外早已有不少研究发现电驱鱼技术具有很多优点，该技术已在欧洲、北美等内陆水域广泛应用（详见 6.3 节、6.4 节，此处不再赘述）。

6.5.2　案例分析

1. 基于果多水电站工程拦鱼电栅工程应用

1）工程背景

果多水电站位于西藏自治区昌都市卡若区柴维乡，距玉龙铜矿直线距离约 75 km，距昌都市约 59 km，为扎曲西藏段水电规划的第二个梯级电站，也是西藏自治区第一座碾压混凝土重力坝。果多水电站以发电为主要的开发任务，水库的正常蓄水位为 3 418 m，死水位为 3 413 m，正常蓄水位以下库容 7 959 万 m^3，调节库容 1 746 万 m^3，具有周调节性能（彭凌云和陈海龙，2013）。大坝坝顶高程为 3 421 m，最大坝高为 83 m，坝顶宽度为 8 m，最大坝底宽度为 75 m，坝顶全长为 235.5 m，水电站枢纽工程等级为三等中型工程。果多水电站枢纽工程总体布局由碾压混凝土重力坝、坝身溢流表孔、坝身泄洪冲沙孔、左岸排沙管、左岸引水坝段、坝后厂房等水工建筑物组成（劳海军和高伟，2015）。

2）拦鱼电栅的选址与布置

本书通过对果多水电站坝下河段鱼类资源分布及鱼类生活习性调查，并对现场进行勘查，在吸收国内外拦鱼电栅成功案例的基础上，确定了拦鱼电栅的选址为位于集鱼平台上游河段、沿导流洞出口上游河岸 6 m 左右处。此处附近水域流速为 0.06～0.25 m/s，并存在一个小的回流区，便于鱼类的聚集与拦鱼电栅的布置。拦鱼电栅采用双排式的电极布置方式，在经过相关的资料收集及合适的水力、电工计算之后，确立了拦鱼电栅的排间距为 1 m，每排之间电极管的间距为 0.6 m，拦鱼电栅横向长度为 3 m。根据工程经验，当拦鱼电栅与河道主流方向夹角为 45°～60°时，拦鱼电栅的驱鱼效果最佳，在本次设计中，拦鱼电栅与水流为 45°夹角。岸边固定一座钢制塔架，钢制塔架深埋于岸边，并通过混凝土浇筑，塔架上方固定着两根横梁（由直径 0.1 m 的钢管材料制成），横梁自上而下连接着连接索（由抗拉强度高的尼龙绳制成）、直径为 20 mm 的不锈钢电极管各 5 根（电极管完全浸没于水体之下），连接索、电极管的长度根据水深做相应调整。为了防止电极管因水流的冲击作用而交叉、碰撞，造成短路现象，同时为了保持电极管之间的相对距离，电极管之间通过绝缘材质的聚氯乙烯（polyvinyl chloride，PVC）管相互固定。两排电极管分别通过输电线缆与脉冲发生器正、负极相连。脉冲发生器放置于集鱼箱内，可通过调节脉冲发生器的电学参数，在拦鱼电栅附近水域形成不同强度的水中电场。拦鱼电栅布置图和实物图如图 6.5 和图 6.6 所示。

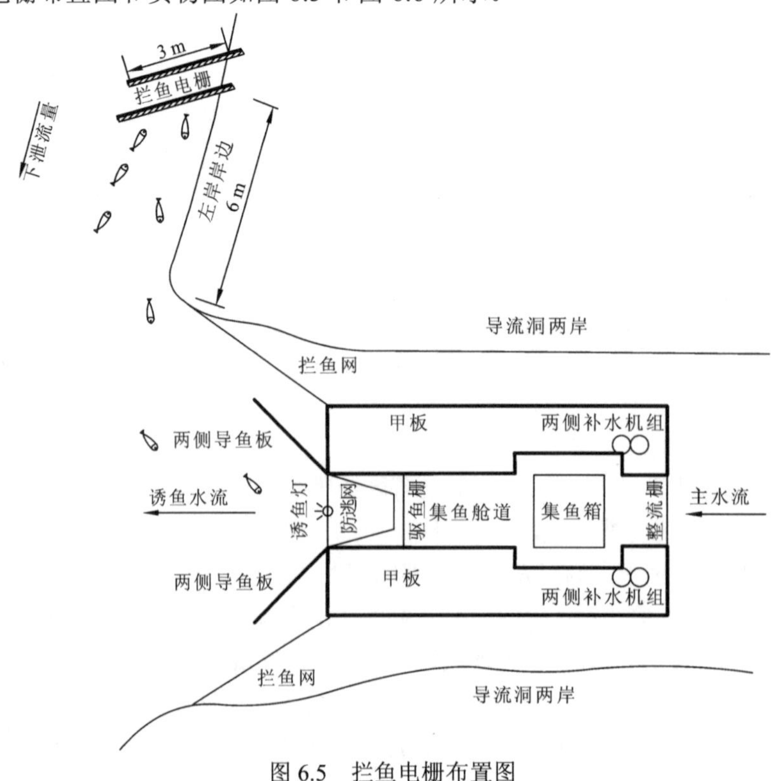

图 6.5　拦鱼电栅布置图

图 6.6　拦鱼电栅实物图

3）基于电驱鱼技术的集鱼效果优化试验设计

拦鱼电栅附近水域的水流流速易受溢洪道的下泄流量影响，当溢洪道的闸门处于关闭状态时，拦鱼电栅附近的水域为低流速区域，此时水流较为平缓，流态较为稳定，流速为 0.06～0.10 m/s；而在溢洪道泄洪的过程中，拦鱼电栅附近水域的流速相对而言湍急些，流态易受到岸边回流区的影响（但影响不大），流速为 0.18～0.25 m/s。因此在基于电驱鱼技术的集鱼箱集鱼效果优化试验中，将拦鱼电栅附近水域的流速划分为两个流速区间，分别为低流速区间（0.06～0.10 m/s）与中流速区间（0.18～0.25 m/s）。拦鱼电栅的驱鱼效果与其附近水域的水温、水质及水体导电率息息相关，在本次试验的进行阶段（5 月 10 日～6 月 10 日），扎曲河段的平均水体温度为 10℃，相应的水体导电率为 200 μS/cm 左右。根据对拦鱼电栅附近水域的水温、水质、水体导电率相关资料的收集，以及针对集鱼箱过鱼对象所进行的预试验，本次试验电学参数设定中，脉冲频率、脉冲宽度保持不变，分别为 6 Hz、12 ms，脉冲电压分为 80 V、120 V、160 V、200 V 四种电压值，并相应设置一组对照试验（此时拦鱼电栅处于关闭状态）。在拦鱼电栅运行的过程中，使用双频识别声呐（dual-frequency identification sonar，DIDSON）装置对拦鱼电栅附近水域进行监测，将 DIDSON 探头（图 6.7）放置于拦鱼电栅下游 5 m 处，通过 DIDSON 影像视频（图 6.8）统计拦鱼电栅附近水域的鱼群数量（通过尾数、昏迷尾数、阻拦尾数），计算得出拦鱼电栅的阻拦率，统计集鱼箱里的集鱼尾数。并对结果进行极差、方差分析，研究不同流速区间、脉冲电压下拦鱼电栅的阻拦率及其对集鱼作用的影响。监测时段为每天 9: 00～18: 00，每组试验工况监测时长 1 天，共计 9 h。

4）不同流速区间、脉冲电压作用下拦鱼电栅对集鱼作用的影响

从表 6.1 可知，无论是低流速区间还是中流速区间，当开启拦鱼电栅之后，拦鱼电

图 6.7　DIDSON 探头

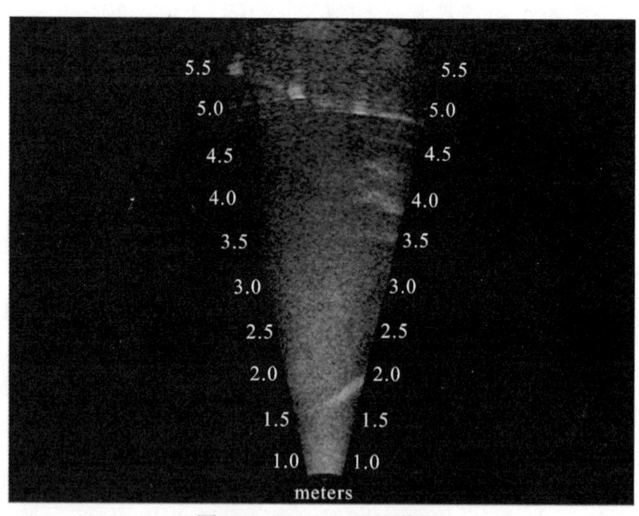

图 6.8　DIDSON 影像图

栅均能起到明显的驱鱼效果，且其驱鱼效果随着脉冲电压的变化而显著变化，集鱼箱集鱼尾数与未开启拦鱼电栅相比，均有所提升，但是提升的幅度不大。在低流速区间，随着脉冲电压的逐级递增，拦鱼电栅的阻拦率呈现先升高后降低的趋势，在脉冲电压为 160 V 时阻拦率最高，为 83.15%；在中流速区间，随着脉冲电压的逐级递增，拦鱼电栅的阻拦率也逐渐增加，当脉冲电压为 200 V 时，阻拦率最高，为 74.81%。且当电学参数相同时，中流速区间下拦鱼电栅的阻拦率小于低流速区间下拦鱼电栅的阻拦率，可能的原因是与低流速区间相比，在一定流速范围内，受鱼类趋流特性的影响，适当的水流流速的提升（此时为中流速区间）降低了目标鱼类对水中电场的敏感性，导致拦鱼电栅对目标鱼类的驱鱼作用降低；同时当电学参数相同时，中流速区间下集鱼箱的集鱼尾数小于低流速区间下集鱼箱的集鱼尾数，主要原因是当拦鱼电栅附近水域的流速为 0.18～0.25 m/s 时，溢洪道的闸门处于开启的状态，鱼类易受到厂房尾水与下泄流量的水流吸引，同时集鱼箱进鱼口的诱鱼水流易受到厂房尾水及下泄流量的干扰，导致集鱼效果降低。

表 6.1 不同流速区间、脉冲电压作用下拦鱼电栅的阻拦率、集鱼数

流速区间	水流流速/（m/s）	电学参数			通过尾数/尾	昏迷尾数/尾	阻拦率/%	集鱼箱集鱼尾数/尾
		脉冲电压/V	脉冲频率/Hz	脉冲宽度/ms				
低流速区间	0.063	80	6	12	35	0	55.12	12
		0	0	0	78	0		11
	0.097	120	6	12	25	0	70.59	17
		0	0	0	85	0		14
	0.072	160	6	12	12	3	83.15	19
		0	0	0	89	0		11
	0.065	200	6	12	10	5	78.26	16
		0	0	0	69	0		10
中流速区间	0.207	80	6	12	61	0	42.25	6
		0	0	0	106	0		5
	0.233	120	6	12	45	0	63.41	9
		0	0	0	123	0		9
	0.215	160	6	12	32	0	72.07	7
		0	0	0	111	0		3
	0.189	200	6	12	30	3	74.81	8
		0	0	0	3	0		3

拦鱼电栅阻拦率、集鱼箱集鱼尾数的极差与方差分析结果表明（表 6.2 与图 6.9）：脉冲电压的改变，能够极显著地影响拦鱼电栅针对目标鱼类的驱鱼效果；水流的改变能够显著地影响集鱼箱的集鱼尾数。

表 6.2　阻拦率、集鱼尾数的极差分析

参数		k1	k2	k3	k4	极差	主次水平
阻拦率/%	水流（A）	71.78	63.19	—	—	8.59	B > A
	脉冲电压（B）	48.79	67.00	77.61	76.54	28.82	
集鱼尾数/尾	水流（A）	16.00	7.50	—	—	8.50	A > B
	脉冲电压（B）	9.00	13.00	13.00	12.00	4.00	

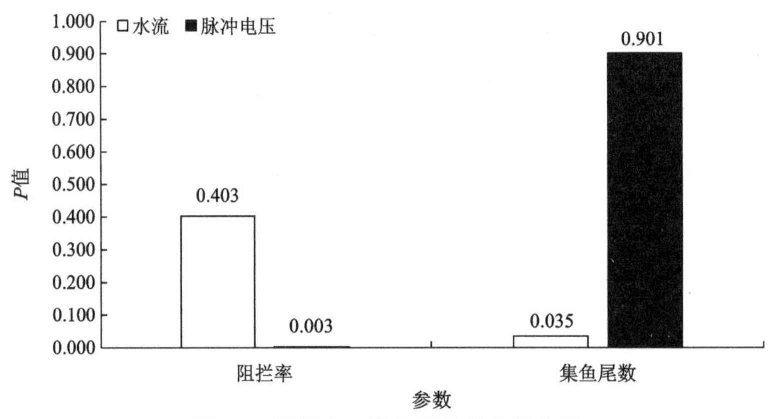

图 6.9　阻拦率、集鱼尾数的方差分析

通过 DIDSON 影像视频可以看出，当开启拦鱼电栅之后，极少部分的目标鱼类存在着因受到水中电场的刺激作用而被击晕，并在水流的冲击作用下离开水中电场作用范围的现象。但通过后续的影像视频可以看出，这种被击晕的现象是暂时的，昏迷的鱼类很快会恢复过来，水中电场并未对目标鱼类造成任何不可逆的伤害。同时由图 6.5 可知，拦鱼电栅布置于无人群活动的坝下河岸，并且在集鱼箱中通过调节脉冲发生器的电学参数数值来实现对拦鱼电栅水下电场的远程调控，保证了操作人员的安全性与操作的便捷性。果多水电站中拦鱼电栅不仅有着很好的驱鱼效果，同时可针对不同鱼类对水中电场的反应阈值来设置不同的电学参数数值，并利用 DIDSON 对拦鱼电栅附近水域进行实时监测，确保了目标鱼类的安全性。拦鱼电栅对目标鱼类与工作人员都十分友好且安全。

在果多水电站集运鱼系统运行过程中，当溢洪道闸门处于关闭状态时，可将拦鱼电栅电学参数设置为：脉冲电压 160 V、脉冲频率 6 Hz、脉冲宽度 12 ms，此时拦鱼电栅针对过鱼对象具有很好的驱鱼作用；当溢洪道处于泄水的状态时，可将拦鱼电栅电学参数设置为：脉冲电压 200 V、脉冲频率 6 Hz、脉冲宽度 12 ms，此时拦鱼电栅针对过鱼对象具有很好的驱鱼作用。针对不同过鱼对象适时改变诱鱼灯的光照强度、光照颜色，以及集鱼箱进鱼口处诱鱼水流的流速范围，可以使鱼类快速地找到集鱼箱的进鱼口，提高集运鱼系统的过鱼效率。作为拦鱼电栅的工程应用初探，果多水电站集运鱼系统拦鱼电栅的布置规模不大，但从驱鱼效果与集鱼箱集鱼尾数来看，已有成效，尤其是在驱鱼作用方面，效果显著。因此本书的研究可为以后水利工程中拦鱼电栅的选址、布置及建设提供指导性的建议。

2. 不同电学参数下拦鱼电栅对 3 种鱼类的驱鱼效果

1）材料与方法

（1）试验材料。2020 年 8 月初用地笼、撒网、垂钓等方式对齐口裂腹鱼、大渡软刺裸裂尻鱼（*Schizopygopsis malacanthus chengi*）及黄石爬鮡（*Euchiloglanis kishinouyei*）进行捕捞，捕捞地点为四川省甘孜藏族自治州丹巴县内大渡河下游大约 50 km 处。暂养 1 天后，观察试验鱼的行为动态良好，从中分别选择未受伤、健康的体长为 18.4～31.5 cm 齐口裂腹鱼、体长为 9.2～22.1 cm 的大渡软刺裸裂尻鱼及体长为 11～15 cm 的黄石爬鮡作为测试对象。按照鱼类行为学的试验要求，同一试验鱼不得重复进行试验，以免试验鱼对水中电场产生适应性。测试完成后暂养 3 天，观测记录鱼的成活率、健康状况、行为及进食是否正常、体表是否出血等信息。

（2）试验装置。静水试验装置包括试验水槽、拦鱼电栅、连接拦鱼电栅的脉冲发射器及监控设备。拦鱼电栅采用单排式电极阵列布置方式，用钢管支架固定于尺寸为 8 m×4.005 m×2 m 的试验水槽上方，并垂入水槽断面。单排电极阵列采用外径为 25 mm、内径为 21mm、长度为 3.8 m 的 5 根不锈钢电极管，且每根电极管之间的间距为 0.97 m。脉冲发射器采用双极性输出的电子脉冲拦鱼器，即相邻两个电极中第一个脉冲为左正右负时，第二个脉冲反相，变为左负右正。这样设置一方面可以消除掉趋阳反应，提高驱鱼效率。另一方面可以消除阴极（负极）杂质吸附累积，达到自净目的，使得电极始终导电良好。试验水槽及拦鱼电栅如图 6.10 所示。

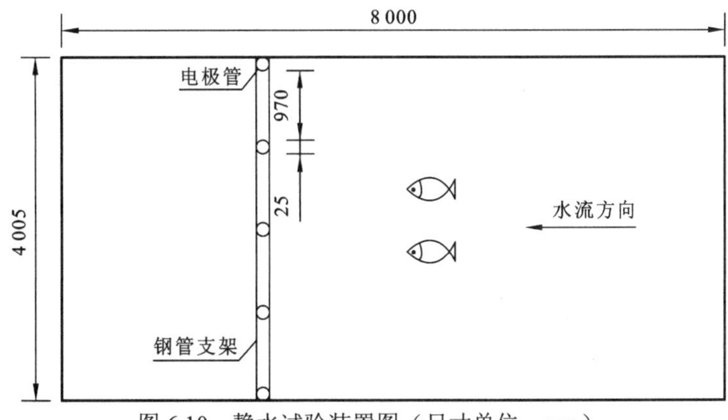

图 6.10　静水试验装置图（尺寸单位：mm）

流水试验装置包括环形水槽、拦鱼电栅、连接拦鱼电栅的脉冲发射器、调节水流流速的水泵及监控设备。如图 6.11 所示，在环形水池一侧的交通桥断面安装水泵造流，沿逆时针方向形成环道水流，在水泵下游 9 m 及 21 m 处分别安装拦鱼网围出测试段，测试段长度为 12 m。拦鱼电栅仍然采用单排电极阵列放置于环形水槽上方并垂入测试段断面，单排电极阵列采用 2 根长度为 3.8 m 电极管，每根电极管之间的间距为 1.45 m。脉冲发生器可随时调节脉冲电压、脉冲频率、脉冲宽度以产生不同的水中电场。

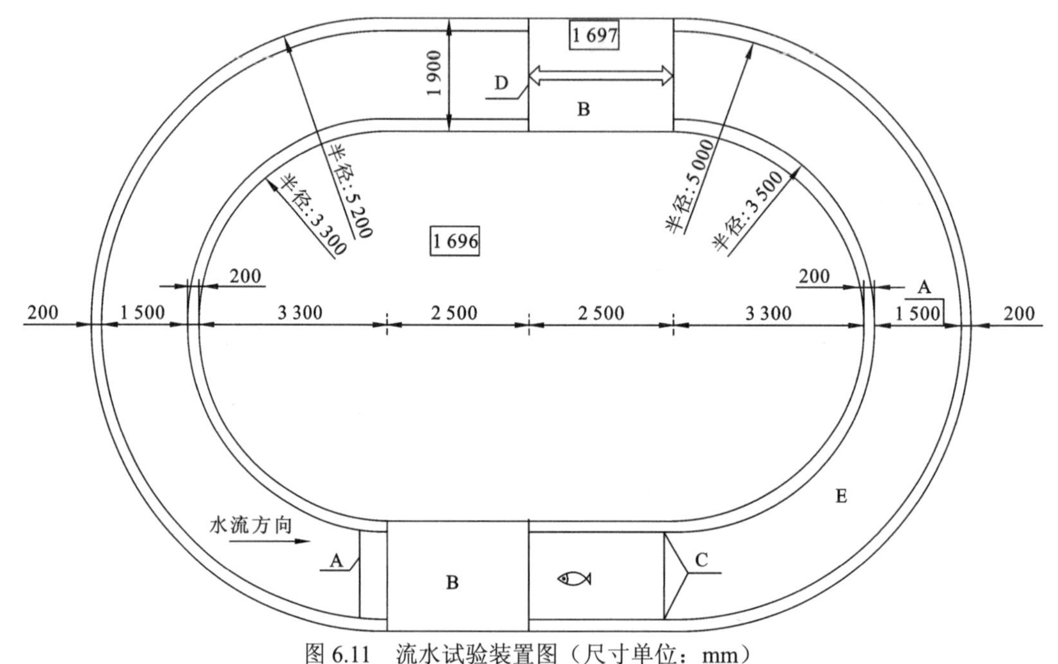

图 6.11　流水试验装置图（尺寸单位：mm）

A. 拦鱼网；B. 交通桥；C. 电极管；D. 水泵；E. 测试段

（3）试验工况设计。本次试验将脉冲宽度设为定量 1 ms，以脉冲电压（PV）、脉冲频率（PF）为考察因素，选取 3 种不同数值的脉冲电压（25 V、29 V 和 35 V）、4 种不同数值的脉冲频率（3 Hz、5 Hz、8 Hz 和 12 Hz）共 12 种组合进行正交试验。如表 6.3 所示，以拦鱼电栅作为脉冲直流电的水中载体，研究在不同电学参数组合下，拦鱼电栅对 3 种试验鱼的阻拦率、通过率、感应距离及昏厥率，确定拦鱼电栅驱鱼效果最佳的电学参数数值。

表 6.3　试验工况设计

因素	水平			
	1	2	3	4
PV/V	25	29	35	—
PF/Hz	3	5	8	12

（4）试验方法：①静水试验方法。试验开始前，为了提高试验的效率与试验数据的准确性，同时为了避免视频录像中无法清晰地辨别每条试验鱼位置的情况，本试验设定

的试验水深为 0.3 m。用 DDS-307A 电导率测定仪测试水的电导率，用 YSI 溶氧测试仪测量水的溶解氧含量及温度。试验开始时，随机从暂养池中选取 10 尾生理状态良好的试验鱼放入水槽中适应 30 min。在此期间，尽可能地减少对试验鱼的人为干扰。与此同时，开启试验的监控系统，对试验鱼所在的试验区域进行录像。待适应时间结束后，开启并调节脉冲发生器至试验所需的脉冲电压、脉冲宽度及脉冲频率。人为驱赶试验鱼使其靠近拦鱼电栅，并观察通过拦鱼电栅、产生颤抖及晕厥试验鱼的数量，同时观察记录试验鱼通过电场的行为反应与试验鱼驱离折返距离（水槽底标有距离刻度）。按照表 6.4 中工况的顺序依次进行试验，每个工况试验进行 5 min。为了防止鱼类对电场产生适应，每个工况结束时，将其捕捞出水槽并放入新的试验鱼后再进行下个工况试验。捞起的试验鱼用鱼安定进行麻醉，测量试验鱼的全长、体长、体重。之后放入暂养缸中暂养 3 天。

②流水试验方法。根据大渡河天然状况下的水流流速状况及齐口裂腹鱼的游泳能力，本试验设置水流流速为 0.3 m/s 和 0.7 m/s，既使齐口裂腹鱼、大渡软刺裸裂尻鱼、黄石爬鮡能够自主完成上溯，同时在上溯过程中也不至于消耗过多能量。环形水槽采用曝气后的自来水，水深 0.5 m，开通水泵后，利用 LS300-A 型便携式流速仪对试验区域内各流速测点进行测量，使环形水槽内水的流速达到试验所需的水流流速。利用 DDS-307A 电导率测定仪测量试验用水的导电率，用 YSI 溶氧仪测量水温。试验开始时，随机从暂养池中选取 10 尾生理状态良好的试验鱼放入流水下的水槽适应区中适应 30 min。在此期间，同样地尽可能减少对试验鱼的人为干扰，同时，开启试验的监控系统，对试验鱼所在的试验区域进行录像，观察其游泳状态。待适应时间结束后，同样地开启并调节脉冲发生器至试验所需的脉冲电压、脉冲宽度及脉冲频率，人为驱赶试验鱼使其靠近拦鱼电栅，并观察通过拦鱼电栅、产生颤抖及晕厥的试验鱼数量，同时观察记录试验鱼通过电场的行为反应与试验鱼驱离折返距离（水槽底标有距离刻度）。按照表 6.5 中工况的顺序依次进行试验，每个工况试验进行 5 min，为了防止鱼类对电场产生适应，每个工况结束时，将其捕捞出水槽并放入新的试验鱼再进行下个工况试验。捞起的试验鱼用鱼安定进行麻醉，测量其全长、体长、体重。之后放入暂养缸中观察 3 天。

本试验以 3 种鱼类作为研究对象，利用拦鱼电栅作为脉冲直流电的载体，在静水及水流流速分别为 0.3 m/s 和 0.7 m/s 条件下选取 3 种不同数值的脉冲电压（25 V、29 V 和 35 V）、4 种不同数值的脉冲频率（3 Hz、5 Hz、8 Hz 和 12 Hz）共 12 种组合来研究电学参数的改变对拦鱼电栅驱鱼效果的影响，得出拦鱼效果最佳的电学参数组合。

（5）数据处理。通过视频回放统计在开启拦鱼电栅后试验鱼强行通过的数量、靠近电极时折返点到电极的距离，以及受到水中电场刺激产生晕厥的鱼的数量。分别用通过率（i，通过拦鱼电栅试验鱼数量占总试验鱼数量的百分比）、阻拦率（j，未通过拦鱼电栅试验鱼数量占总试验鱼数量的百分比）、感应距离（h，试验鱼靠近拦鱼电栅时折返点到电极之间的距离，m）、昏厥率（η，昏厥试验鱼数量占总试验鱼数量的百分比）表示，计算公式如下：

$$i = \frac{n}{N} \times 100\% \tag{6.1}$$

$$j = 100\% - i \tag{6.2}$$

$$\eta = \frac{c}{N} \times 100\% \tag{6.3}$$

式中：n 为每种鱼类通过拦鱼电栅的数量；N 为每种鱼类总鱼数；c 为每种鱼类昏厥的数量。采用 LS300-A 型便携式流速仪测量试验内各流速测点，电导率测定仪（DDS-307A）测量水的电导率，YSI 溶氧测试仪测量水的溶解氧含量及温度，利用 Excel 对阻拦率、通过率、昏厥率、感应距离进行极差分析，对所有试验数据进行双因素方差分析，统计值使用平均值±标准差（mean±SD）表示。

表 6.4　静态下拦鱼电栅驱鱼效果

编号	PV	PF	齐口裂腹鱼				大渡软刺裸裂尻鱼				黄石爬鮡			
			j/%	i/%	η/%	h/m	j/%	i/%	η/%	h/m	j/%	i/%	η/%	h/m
1	1	2	100.00	0.00	0.00	0.90	92.50	7.50	0.00	0.70	100.00	0.00	0.00	0.80
2	1	4	90.00	10.00	0.00	0.70	87.50	12.50	0.00	0.60	100.00	0.00	3.00	1.30
3	1	3	100.00	0.00	0.00	0.90	92.50	7.50	0.00	0.70	100.00	0.00	0.00	0.80
4	1	1	90.00	10.00	0.00	0.60	87.50	12.50	0.00	0.60	91.70	8.30	0.00	0.80
5	2	2	95.00	5.00	0.00	0.90	92.50	7.50	0.00	0.90	100.00	0.00	66.67	0.90
6	2	3	100.00	0.00	0.00	1.10	100.00	0.00	0.00	1.00	100.00	0.00	0.00	1.10
7	2	1	100.00	0.00	0.00	1.10	97.50	2.50	0.00	1.00	100.00	0.00	33.33	1.00
8	2	4	95.00	5.00	0.00	0.80	95.00	5.00	0.00	0.90	100.00	0.00	0.00	1.00
9	3	4	100.00	0.00	0.00	1.20	97.50	2.50	0.00	1.10	100.00	0.00	75.00	1.10
10	3	1	100.00	0.00	0.00	1.00	97.50	2.50	0.00	1.20	100.00	0.00	0.00	1.30
11	3	3	100.00	0.00	0.00	1.20	100.00	0.00	5.00	1.30	100.00	0.00	58.33	1.30
12	3	2	100.00	0.00	0.00	1.20	100.00	0.00	0.00	1.30	100.00	0.00	0.00	1.40

表 6.5　0.3 m/s 流速下拦鱼电栅驱鱼效果

编号	PV	PF	齐口裂腹鱼				大渡软刺裸裂尻鱼				黄石爬鮡			
			j/%	i/%	η/%	h/m	j/%	i/%	η/%	h/m	j/%	i/%	η/%	h/m
1	1	2	100.00	0.00	0.00	0.76	50.00	50.00	0.00	0.73	100.00	0.00	0.00	0.80
2	1	4	90.00	0.00	0.00	0.70	92.50	7.50	0.00	0.50	—	—	—	—
3	1	3	95.00	5.00	0.00	0.80	92.50	7.50	0.00	0.70	100.00	0.00	25.00	0.70
4	1	1	90.00	0.00	0.00	0.60	87.50	12.50	0.00	0.60	91.60	8.40	0.00	0.60
5	2	2	95.00	5.00	0.00	0.80	72.50	27.50	0.00	0.65	—	—	—	—
6	2	3	100.00	0.00	0.00	0.90	100.00	0.00	0.00	0.85	100.00	0.00	0.00	1.10

续表

编号	PV	PF	齐口裂腹鱼				大渡软刺裸裂尻鱼				黄石爬鮡			
			j/%	i/%	η/%	h/m	j/%	i/%	η/%	h/m	j/%	i/%	η/%	h/m
7	2	1	100.00	0.00	0.00	1.00	97.50	2.50	0.00	0.85	100.00	0.00	0.00	0.90
8	2	4	90.00	0.00	0.00	0.80	92.50	7.50	0.00	0.73	100.00	0.00	0.00	0.90
9	3	4	100.00	0.00	0.00	1.00	85.00	15.00	0.00	1.10	—	—	—	—
10	3	1	100.00	0.00	0.00	1.20	100.00	0.00	0.00	1.20	100.00	0.00	0.00	1.20
11	3	3	100.00	0.00	0.00	1.30	100.00	0.00	5.00	1.30	100.00	0.00	25.00	1.05
12	3	2	100.00	0.00	0.00	1.20	97.50	2.50	0.00	1.30	100.00	0.00	0.00	1.20

注：当脉冲频率为 8 Hz，脉冲电压为 25 V 时试验鱼均产生了昏厥，为了避免对试验鱼造成更大的伤害，因此当脉冲频率为 12 Hz，脉冲电压分别为 25 V、29 V、35 V 时，终止试验。

2）结果与分析

（1）静水条件下试验鱼观察结果。对齐口裂腹鱼、大渡软刺裸裂尻鱼、黄石爬鮡分别进行了 12 组工况试验，通过视频回放观察发现，在试验水池水温为 18～20.5℃、水体电导率为 248～270 μS/cm 下，电栅开启前，试验鱼均沿着池壁缓慢游行，并且其游泳行为有着集群现象，当开启拦鱼电栅后，位于电栅附近的试验鱼会因受到水中电场的刺激作用而惊慌窜逃，身体出现明显抖动，鱼的集群行为显著减弱。当远离电栅的鱼缓慢靠近电栅到一定的距离，可以感知电场后，瞬间掉头逃离电场，在进行人为强行驱赶时也只有小鱼能够强行穿越电场。随着电学参数的逐渐增加，少数试验鱼因受到水中电场的刺激作用产生了昏迷现象，当关闭拦鱼电栅或者当试验鱼离开水中电场作用一段时间（<3 min）后，试验鱼便会清醒过来。试验鱼的游泳行为因拦鱼电栅的电学参数的变化而改变显著。经过 3 天的暂养后，试验鱼活性良好，体表并无出血，无不良反应。

（2）试验鱼在静水条件及不同电学参数下的通过率、阻拦率、昏厥率与感应距离。如表 6.4 所示，在静水条件下，拦鱼电栅对齐口裂腹鱼、大渡软刺裸裂尻鱼、黄石爬鮡均有着良好的阻拦效果。当脉冲电压为 35 V、脉冲频率为 5 Hz 时，拦鱼电栅对 3 种试验鱼的驱鱼效果最好且对 3 种试验鱼均无损伤，3 种试验鱼平均阻拦率分别为（97.50±3.82）%、（95.00±4.33）%、（99.31±2.30）%、平均昏厥率分别为（0.00±0.00）%、（0.42±1.38）%、（19.69±28.78）%、平均感应距离分别为（0.97±0.19）m、（0.94±0.24）m、（1.07±0.21）m。

（3）流水条件下试验鱼观察结果。通过视频回放观察，在环形水槽水温为 18℃、水体电导率为 270 μS/cm、流水条件下，在电栅开启前，大部分试验鱼紧靠槽壁缓慢游行且其游泳行为均有着集群现象。开启电栅后，靠近电极的试验鱼瞬间调头以很大游速逃离水中电场，少部分个体小鱼会逆流而行穿过电栅。在逐渐增大电学参数的过程中，在进行强行人为驱赶时部分试验鱼在上溯的过程中会产生昏迷现象，具体表现为试验鱼产生剧烈颤抖后鱼体侧翻，漂浮水面，或者急促跃出水面，并随着水流作用远离拦鱼电栅，贴于尾部的拦鱼网处，当关闭拦鱼电栅或者试验鱼离开电场作用一段时间（<3 min）后，试验鱼会清醒过来，依旧保持活性。与在静水条件下相比，试验鱼的游泳速度更快，反应更加剧烈。

（4）试验鱼在流水 0.3 m/s 及不同电学参数下的通过率、阻拦率、昏厥率及感应距离。如表 6.5 所示，在流速 0.3 m/s 条件下，当脉冲电压为 35 V、脉冲频率为 5 Hz 时，拦鱼电栅对 3 种试验鱼的驱鱼效果最好。与静水条件相比，齐口裂腹鱼、大渡软刺裸裂尻鱼和黄石爬鮡平均阻拦率均下降，分别为（96.67±4.25）%、（88.96±14.01）%、（99.07±2.64）%，齐口裂腹鱼依旧没有产生昏厥，大渡软刺裸裂尻鱼昏厥率没有变化，而黄石爬鮡平均昏厥率较静水条件下相对减小，平均昏厥率为（5.56±10.39）%，齐口裂腹鱼、大渡软刺裸裂尻鱼、黄石爬鮡的感应距离较在静水条件下均减小，平均感应距离分别为（0.92±0.21）m、（0.88±0.27）m、（0.94±0.20）m。

（5）试验鱼在流水 0.7 m/s 及不同电学参数下的通过率、阻拦率、昏厥率及感应距离。如表 6.6 所示，在流水 0.7 m/s 条件下，当脉冲电压为 35 V、脉冲频率为 5 Hz 时，拦鱼电栅对 3 种试验鱼的驱鱼效果最好。与流水 0.3 m/s 条件相比，齐口裂腹鱼、大渡软刺裸裂尻鱼及黄石爬鮡平均阻拦率均减小，分别为（94.17±8.12）%、（87.08±13.18）%、（88.61±16.25）%；3 种试验鱼的昏厥率较在流水 0.3 m/s 条件下并没有明显变化；齐口裂腹鱼、大渡软刺裸裂尻鱼、黄石爬鮡感应距离较在静水条件及流水 0.3 m/s 条件下均减小，其平均感应距离分别为（0.76±0.16）m、（0.74±10.2）m、（0.81±0.13）m。

表 6.6　0.7 m/s 流速下拦鱼电栅驱鱼效果

编号	PV	PF	齐口裂腹鱼				大渡软刺裸裂尻鱼				黄石爬鮡			
			j/%	i/%	η/%	h/m	j/%	i/%	η/%	h/m	j/%	i/%	η/%	h/m
1	1	2	95.00	5.00	0.00	0.70	92.50	7.50	0.00	0.50	100.00	0.00	0.00	0.70
2	1	4	90.00	10.00	0.00	0.45	87.50	12.50	0.00	0.45	—	—	—	—
3	1	3	95.00	5.00	0.00	0.65	92.50	7.50	0.00	0.65	92.50	7.50	25.00	0.70
4	1	1	70.00	30.00	0.00	0.60	50.00	50.00	0.00	0.50	50.00	50.00	0.00	0.60
5	2	2	95.00	5.00	0.00	0.65	92.50	7.50	0.00	0.60	—	—	—	—
6	2	3	100.00	0.00	0.00	0.80	100.00	0.00	0.00	0.85	100.00	0.00	0.00	0.85
7	2	1	100.00	0.00	0.00	0.85	97.50	2.50	0.00	0.90	97.50	2.50	0.00	0.85
8	2	4	90.00	0.00	0.00	0.75	72.50	27.50	0.00	0.70	72.50	27.50	0.00	0.70
9	3	4	100.00	0.00	0.00	0.75	85.00	15.00	0.00	0.75	—	—	—	—
10	3	1	95.00	5.00	0.00	0.90	85.00	15.00	0.00	0.90	85.00	15.00	0.00	0.90
11	3	3	100.00	0.00	0.00	1.00	95.00	5.00	5.00	1.10	100.00	0.00	75.00	1.00
12	3	2	100.00	0.00	0.00	1.00	95.00	5.00	0.00	1.00	100.00	0.00	0.00	1.00

注：当脉冲频率为 8 Hz，脉冲电压为 25 V 时试验鱼均产生了昏厥，为了避免对试验鱼造成更大的伤害，因此当脉冲频率为 12 Hz，脉冲电压分别为 25 V、29 V、35 V 时，终止试验。

（6）拦鱼电栅驱鱼效果极差及方差分析。为了检验不同的脉冲直流电电学参数对阻拦率、通过率、昏厥率及感应距离是否有显著影响，对不同工况下的试验结果进行极差及方差分析。极差分析结果显示，在静水与流水条件下，各因素对 3 种试验鱼的影响主次水平为脉冲电压>脉冲频率。最佳组合工况为 A3B2，即脉冲电压为 35 V，脉冲频率为 5 Hz（表 6.7）。方差分析结果显示，脉冲电压对 3 种试验鱼的感应距离有显著影响（$P<0.05$），对阻拦率、通过率及昏厥率均无显著影响。脉冲频率对 3 种试验鱼的所有指标均无显著影响。根据各因素的 F 值的大小，影响顺序为脉冲电压>脉冲频率，此结论与极差分析的结果一致（表 6.8）。

表 6.7　拦鱼电栅驱鱼效果的极差分析

鱼种	指标	静态		0.3 m/s 流速		0.7 m/s 流速	
		脉冲电压	脉冲频率	脉冲电压	脉冲频率	脉冲电压	脉冲频率
		极差值 R		极差值 R		极差值 R	
齐口裂腹鱼	感应距离	0.38	0.33	0.40	0.17	0.31	0.13
	阻拦率	5.00	3.75	6.25	3.75	11.25	7.50
	通过率	5.00	3.75	11.25	7.50	11.25	7.50
	昏厥率	0.00	0.00	0.00	0.00	—	—
大渡软刺裸裂尻鱼	感应距离	0.58	0.10	15.48	0.17	0.41	0.18
	阻拦率	8.75	3.13	15.00	5.83	13.75	9.38
	通过率	6.25	5.00	24.17	15.00	13.75	10.00
	昏厥率	1.25	1.25	1.25	1.25	1.25	1.25
黄石爬鮡	感应距离	0.35	0.08	0.45	0.28	0.28	0.23
	阻拦率	2.08	2.00	2.10	2.00	10.63	10.83
	通过率	2.08	2.08	2.10	2.10	16.88	10.63
	昏厥率	22.9	22.17	12.5	6.25	18.75	18.75

表 6.8　拦鱼电栅驱鱼效果的方差分析

鱼种	指标	方差来源	静态		0.3 m/s 流速		0.7 m/s 流速	
			F	P	F	P	F	P
齐口裂腹鱼	感应距离	脉冲电压	8.05	0.02	23.6	0.00	11.82	0.01
		脉冲频率	1.14	0.41	1.52	0.30	1.98	0.22
	阻拦率	脉冲电压	1.80	0.24	2.71	0.15	2.48	0.16
		脉冲频率	1.00	0.46	1.14	0.41	1.04	0.44
	通过率	脉冲电压	1.80	0.24	2.71	0.15	2.48	0.16
		脉冲频率	1.00	0.46	1.14	0.41	1.04	0.44
	昏厥率	脉冲电压	—	—	—	—	—	—
		脉冲频率	—	—	—	—	—	—

续表

鱼种	指标	方差来源	静态		0.3 m/s 流速		0.7 m/s 流速	
			F	*P*	*F*	*P*	*F*	*P*
大渡软刺裸裂尻鱼	感应距离	脉冲电压	108.27	0.00	55.10	0.00	18.02	0.00
		脉冲频率	3.18	0.11	2.25	0.18	3.12	0.11
	阻拦率	脉冲电压	14.63	0.01	1.70	0.26	0.67	0.55
		脉冲频率	1.75	0.27	2.58	0.15	1.26	0.37
	通过率	脉冲电压	14.63	0.01	1.70	0.26	0.67	0.55
		脉冲频率	1.75	0.26	2.58	0.15	1.26	0.37
	昏厥率	脉冲电压	—	0.42	—	0.36	—	0.42
		脉冲频率	—	0.46	—	0.46	—	0.46
黄石爬鮡	感应距离	脉冲电压	62.25	0.00	13.99	0.03	62.25	0.00
		脉冲频率	7.50	0.07	0.79	0.57	7.50	0.07
	阻拦率	脉冲电压	1.79	0.31	0.90	0.49	1.79	0.31
		脉冲频率	2.63	0.22	0.60	0.66	2.63	0.22
	通过率	脉冲电压	1.79	0.31	0.90	0.49	1.79	0.31
		脉冲频率	2.63	0.22	0.60	0.66	2.63	0.22
	昏厥率	脉冲电压	0.90	0.49	1.50	0.35	0.90	0.49
		脉冲频率	0.60	0.66	—	0.20	0.60	0.66

3. 不同流速下拦鱼电栅对草鱼幼鱼的拦导效率

1）材料和方法

（1）试验装置。

本试验中水工模型参照藏木水电站相关参数，在室内修建一座鱼道模型，以 1∶80 的缩放比尺建造了大坝（厂房与溢洪道）室内模型，以 1∶10 的缩放比尺建造了鱼道室内模型，概化模型包括矩形量水堰、上游过渡区域、穿孔花墙、电站厂房模型、溢洪道模型、位于岸边的鱼道一、位于河道中间的鱼道二、混凝土边壁及为了调节河道水深的五组尾水闸门，水工模型整体布置图如图 6.12 所示。水工模型试验装置的试验用水由供水系统提供，供水系统主要包括水泵、泵房水池、矩形量水堰、试验水槽和回水廊道等，构成了一个流速可调节的水循环系统。其中水工模型长度为 8.0 m，宽度为 7.8 m，深度为 0.65 m，鱼道一的长度设置为 1.5 m，鱼道二的长度设置为 4.5 m。为了减少不必要的外界因素对试验结果的影响，关闭鱼道一进口，鱼道二设置一个位于末端的进口，开口方向与河道主流垂直，这样的鱼道进口布置方式能够产生更加适合鱼类上溯的诱鱼水流（王岑 等，2020）。可通过调节鱼道进口的阀门来控制鱼道进口处的流速。在鱼道二的进口上游 0.75 m 采用双排式的电极布置方式布设拦鱼电栅，每排拦鱼电栅采用 11 根电极管，电极管通过塑料扎带、支架悬挂于河道上方。电极管间距为 0.3 m，两排电极之间的距离为 0.5 m，电极管采用导电性能良好的不锈钢材质，电极管的长度为 0.5 m，直径为 6 mm。

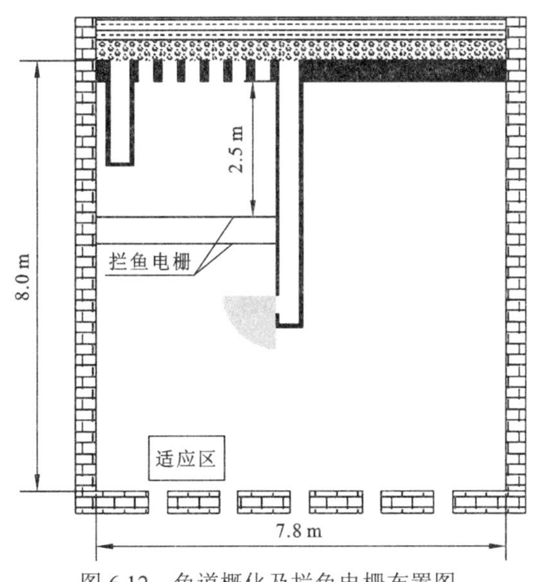

图 6.12　鱼道概化及拦鱼电栅布置图

（2）试验方法。

郑铁刚等（2018）研究发现当鱼道进口处的诱鱼水流流速为过鱼对象临界游泳速度的 0.6～0.8 倍时，鱼道进口的诱鱼效果最佳。体长为（9.80±0.91）cm 的草鱼幼鱼的临界游泳速度为（87.40±9.67）cm/s（龚丽 等，2015），因此鱼道进口处的吸引流速应控制在 0.47～0.78 m/s，本试验将鱼道进口处流速设置为 0.5 m/s，河道的水深设置为 0.15 m，分别设置了 3 种河道流速（0.15 m/s、0.25 m/s 和 0.35 m/s），电学参数为脉冲电压 80 V、脉冲频率 6 Hz、脉冲宽度 16 ms 和空白对照组（表 6.9）。试验前开启水泵和控温装置，利用循环水温控制系统调节水温，使水温维持在（20.2±0.5）℃。通过调节水泵流速计和装置上鱼道进口的闸门开度使流速达到试验工况要求。试验用水为曝气的自来水，电导率为 210 μS/cm。

表 6.9　试验工况表

工况	鱼道进口流速/(m/s)	河道流速/(m/s)	电学参数		
			脉冲电压/V	脉冲频率/Hz	脉冲宽度/ms
一	0.5	0.15	80	6	16
二			0	0	0
三		0.25	80	6	16
四			0	0	0
五		0.35	80	6	16
六			0	0	0

试验在 8 : 00～13 : 00 进行。从暂养池中随机选取 10 尾健康的草鱼幼鱼，放于河道中鱼类适应区内适应 20 min。开启视频监控系统，撤去拦鱼网，让试验鱼自主地顶流上溯（拦鱼电栅的电源关闭），用视频监控系统记录 30 min 内试验鱼的行为反应，作为对照组，试验结束后将鱼捞至暂养水槽，试验鱼不重复使用。然后再从暂养池中随机选取 10 尾健康的草鱼幼鱼，放于河道中鱼类适应区内适应 20 min 后，开启拦鱼电栅，撤去拦鱼网，用视频监控系统记录 30 min 内试验鱼的行为反应。每种工况下的试验重复 5 次，试验鱼不重复使用。改变河道流速，重复上述试验步骤。试验结束后，捞起试验鱼，每种工况的试验鱼分别放入已编号的暂养池中观察 10 天，观察并记录试验鱼的成活率、体表出血程度、脊椎是否弯曲等现象。

（3）数据处理。

将鱼道进口处半径 r=1 m 的扇形区域定义为鱼道进口的有效诱鱼区域，当试验鱼受到鱼道进口水流的吸引作用而游入该片水域时，表示鱼道进口诱鱼水流成功诱鱼。用试验鱼在上溯过程中进入有效诱鱼区域内的诱集率（R_r）与在鱼道进口平均停留时间比率（P_r）2 个指标来评价鱼道进口的过鱼效率，其中：

$$R_r = \frac{F_c}{F_a} \times 100\% \tag{6.4}$$

$$P_r = \frac{\sum_{i=1}^{F_a} T_i}{F_a T} \times 100\% \tag{6.5}$$

式中：F_c 为每组试验中试验鱼成功进入鱼道进口有效诱鱼区域的尾数；F_a 为每组试验中离开适应区、成功上溯的试验鱼尾数；T_i 为一组试验中成功上溯的某尾试验鱼在有效诱鱼区域停留的时间；T 为每组试验中试验鱼开始上溯到试验结束的时间，即 30 min。

通过视频分析，统计拦鱼电栅未开启的 30 min 内鱼道进口的 R_r 与 P_r，以及拦鱼电栅开启之后 30 min 内鱼道进口的 R_r 与 P_r，并对所有的试验数据进行双因素方差分析，统计值使用平均值±标准误（mean±SE）表示。试验数据采用 Excel 2003、SPSS 19.0 统计软件进行处理。

2）结果与分析

随着河道流速的递增，拦鱼电栅在开启前和开启后草鱼幼鱼在有效诱鱼区域内的诱集率均呈现出先增加后减少的趋势，但变化的比率均不显著（$P>0.05$）。当河道流速为 0.15 m/s 时，拦鱼电栅的开启能够显著提高草幼鱼的鱼道进口诱集率（$P<0.05$），而当河道流速为 0.25 m/s、0.35 m/s 时，开启拦鱼电栅能一定程度上提高草鱼幼鱼在有效诱鱼区域内的诱集率，但提升不显著（$P>0.05$）（图 6.13）。双因子方差分析显示差异来源于拦鱼电栅的开启，开启拦鱼电栅后的诱集率显著高于未开启拦鱼电栅（$P<0.05$），在试验所选取的流速范围内不同流速影响不显著（$P>0.05$），流速和拦鱼电栅开启之间的交互作用也不显著（$P>0.05$）（表 6.10）。

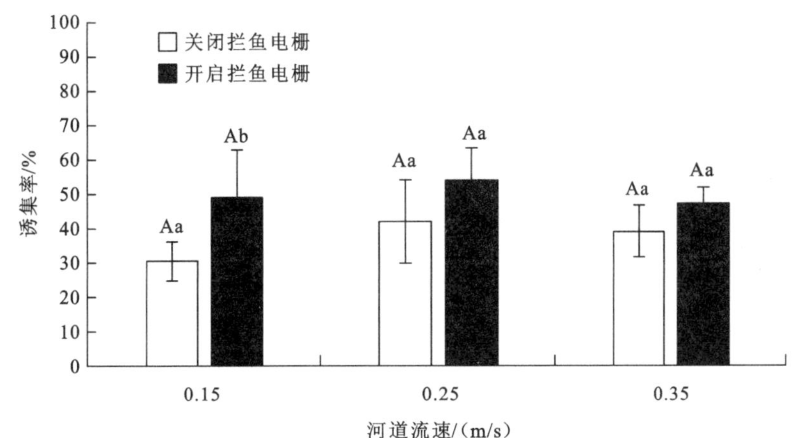

图 6.13　不同河道流速下拦鱼电栅开启前、后草鱼幼鱼的诱集率

不同河道流速代表不同组别。
同一组别内，小写字母不同代表同一河道流速下关闭拦鱼电栅和开启拦鱼电栅的诱集率具有显著性差异（$P<0.05$），小写字母相同代表同一河道流速下关闭拦鱼电栅和开启拦鱼电栅的诱集率无显著性差异（$P>0.05$）；不同组别间，大写字母相同代表关闭拦鱼电栅时不同河道流速下的诱集率无显著性差异（$P>0.05$）、开启拦鱼电栅时不同河道流速下的诱集率无显著性差异（$P>0.05$）。

表 6.10　拦鱼电栅和河道流速对鱼道进口诱鱼效率的影响的双因子方差分析

参数	方差来源	III 型平方和	自由度	均方	F	P
诱集率	拦鱼电栅开启与否	1 215.779	1	1 215.779	9.305	0.006
	河道流速	425.322	2	212.661	1.628	0.217
	拦鱼电栅×河道流速	174.370	2	87.185	0.667	0.522
平均停留时间比率	拦鱼电栅开启与否	212.534	1	212.534	4.016	0.056
	河道流速	565.895	2	282.947	5.347	0.012
	拦鱼电栅×河道流速	57.177	2	28.589	0.540	0.590

注：“×”表示因子间的交互作用。

在拦鱼电栅开启前，随着河道流速的递增，草鱼幼鱼在鱼道进口的平均停留时间比率呈现持续增加的趋势，且当河道流速为 0.25 m/s、0.35 m/s 时的鱼道进口平均停留时间比率与 0.15 m/s 的鱼道进口平均停留时间比率相比，均显著提升（$P<0.05$）（图 6.14）。拦鱼电栅开启之后，随着河道流速的递增，草鱼幼鱼的鱼道进口平均停留时间比率呈现先增大后减小的趋势，但相互之间差异性并不显著（$P>0.05$）。双因子方差分析显示，差异来源于河道流速的增加，开启拦鱼电栅对鱼道进口平均停留时间比率影响不显著（$P>0.05$），而流速对鱼道进口平均停留时间比率影响显著（$P<0.05$），流速和拦鱼电栅开启之间的交互作用对鱼道进口平均停留时间比率影响也不显著（$P>0.05$）（表 6.10）。当河道流速为 0.15 m/s 时，拦鱼电栅的开启能够显著提高草鱼幼鱼的鱼道进口平均停留时间比率（$P<0.05$），而当河道流速为 0.25 m/s、0.35 m/s 时，开启拦鱼电栅能一定程度上提高草鱼幼鱼的鱼道进口平均停留时间比率，但提升不显著（$P>0.05$）（图 6.14）。通过视频分析结果发现，当河道流速为 0.35 m/s 时，草鱼幼鱼在受到水中电场的刺激作用后更多的是随着鱼道进口的诱鱼水流及河道水流的冲击作用游向河道下游，并在下游适宜区顶流。试验结束后将试验鱼捞起放入暂养缸中分别暂养观察 10 天，所有试验鱼的成活率均为 100%，体表无出血、脊椎未出现弯曲等现象。

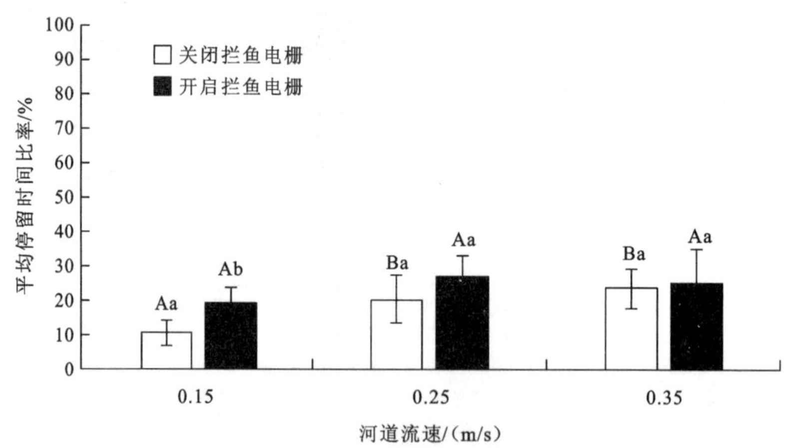

图 6.14 不同河道流速下拦鱼电栅开启前、后草鱼幼鱼在鱼道进口处的平均停留时间比率

不同河道流速代表不同组别。

同一组别内，小写字母不同代表同一河道流速下关闭拦鱼电栅和开启拦鱼电栅的平均停留时间比率具有显著性差异（$P<0.05$），小写字母相同代表同一河道流速下关闭拦鱼电栅和开启拦鱼电栅的平均停留时间比率无显著性差异（$P>0.05$）；不同组别间，大写字母不同代表关闭拦鱼电栅时河道流速 0.15 m/s 与河道流速 0.25 m/s、河道流速 0.15 m/s 与河道流速 0.35 m/s 的平均停留时间比率具有显著性差异（$P<0.05$），大写字母相同代表关闭拦鱼电栅时河道流速 0.25 m/s 与河道流速 0.35 m/s 的平均停留时间比率无显著性差异（$P>0.05$）、开启拦鱼电栅时不同河道流速下的平均停留时间比率无显著性差异（$P>0.05$）。

第 7 章 气泡幕驱鱼技术对鱼类行为的影响

7.1 引　言

水下气泡幕是通过水底的有孔管道排出压缩空气，形成密集的从下往上的气泡，从而引起水中的声响、扰动和低频压力振动等效应。这些气泡对鱼类的视听感知产生影响，对其行为造成阻碍。因此，本章将对气泡幕驱鱼的原理和鱼类对气泡幕的趋避反应展开研究，研究重点在于探究气泡幕对鱼类行为的影响。并结合典型工程案例，探讨气泡幕对异齿裂腹鱼、鲢幼鱼和光倒刺鲃（*Spinibarbus hollandi*）等鱼类的影响。这些研究成果可以帮助相关研究人员了解气泡幕对鱼类行为的影响，为诱导和驱离鱼类的技术发展提供数据支持和技术参考。

7.2 气泡幕驱鱼技术的研究现状

鱼类可以从视觉、听觉、侧线、触觉等感知途径感知气泡幕。气泡在水的作用下产生上升的气泡，这些气泡对鱼的视觉，听觉及机械压力振动都有影响。气泡幕对鱼类的作用主要表现在以下两个方面：第一，当鱼群接近气泡幕时，气泡幕在鱼类的视野中形成一道气泡墙，阻碍鱼类前进；第二，气泡的上升和振动会产生声音，通过视听的双重作用，将鱼群吓散。

在国外的工程项目中，气泡幕辅助驱鱼技术已经得到广泛应用。早在 20 世纪 80 年代，英国学者 Stewart 和 Mark（1982）就针对鱼类对气泡幕的行为响应展开了研究。Zielinski 等（2014）通过室内试验证明了鲤会对气泡幕产生躲避反应，并将试验结果应用于亚洲鲤的入侵控制。美国学者 Dawson（2014）发现气泡幕对鱼类有阻拦作用，但无法完全确保鱼类不穿越。许多学者对气泡幕驱鱼技术进行了野外验证，例如 Zielinski 等（2014）和 Perry 等（2010）将气泡幕作为非物理屏障，成功改变了鲤和大鳞大麻哈鱼等鱼类的迁徙路径。为了达到最佳的驱鱼效果，研究人员将气泡幕与水流、声音、光等诱驱鱼技术相结合，并进行了试验。例如，Patrick 等（1985）比较了气泡幕在持续光照和闪光灯环境下对鱼类的作用，结果显示闪光灯下的气泡幕对鱼类有更好的抑制效果。从影响机理来看，气泡幕通过视觉效果、声音产生、气泡上升过程中的机械振动等方面共同对鱼类产生作用。在流动水环境下，气泡幕的阻拦效果更好。气泡幕驱鱼技术对鱼类无害，成本低廉且无污染，因此在驱鱼领域具有广阔的应用前景。

在我国，很早之前就开始进行气泡幕驱鱼技术相关的研究，但在实际工程中的应用案例相对较少。1988 年，刘理东和何大仁的研究发现气泡幕对尼罗罗非鱼、鲢、鳙、草鱼和鲫等 5 种淡水鱼均具有阻挡作用，然而随着试验时间的延长，这 5 种鱼类逐渐适应了气泡幕的存在，阻挡效果逐渐下降。陈勇等（2002）验证了 8 种不同密度的气泡幕对红鳍东方鲀（*Takifugu rubripes*）有良好抑制效果，并找到了最佳组合参数。白艳勤等（2013）测试了不同孔距、孔径和密度的气泡幕对花䱻（*Hemibarbus maculatus*）和白甲鱼（*Onychostonua asima*）的阻挡效果，并发现相同密度的气泡幕对不同鱼类的阻挡率有所不同，同时水体浊度、孔间距和水体空间大小也会影响气泡幕对鱼类的作用效果。罗佳等（2015）的研究发现气泡幕的作用受到水流速度的影响，在不同流速下对光倒刺鲃的抑制作用也不同。徐是雄等（2018）研究了在静水黑暗条件下不同气量的气泡幕对鲢幼鱼的作用效果，并得出了使阻挡率最大化的气量区间。尹入成等（2020）在不同水流条件下，考虑了黑暗和不同气量，并增加了气泡幕的摆放角度，以探究气泡幕对异齿裂腹鱼的阻挡效果，提出了最佳组合方式以达到最佳阻挡效果。学者们对气泡幕的变量组合进行了越来越多的研究，为将来的工程应用奠定了良好的理论基础。

7.3 气泡幕驱鱼的关键技术

7.3.1 气泡幕驱鱼的原理

气泡幕是通过水底安装的有孔管道连续排出密集气泡而形成屏障，从下往上升，并在水中形成声响、气泡环流圈等效应。气泡幕对鱼类的阻拦效果受到多种因素的影响，包括气泡幕的密度与外界环境因素，如水体浊度、水体空间大小和水流速度等。气泡幕的密度由出气孔的孔径、通气管的孔数、管内压缩空气的压力及通气管的摆放角度等共同决定。因此，在设计和应用气泡幕驱鱼技术时，需要综合考虑这些因素，以达到最佳的驱鱼效果。

1. 气泡幕的视觉特征

经参数气泡幕试验观察发现，当气泵充气时，出气孔会产生连续独立的不规则球形气泡，形成气泡流。随着气泡上浮，其体积逐渐膨胀。当上浮超过一定高度时，相邻的气泡会相互混合形成“气泡墙”，而在气泡混合之前的气泡形成“气泡栅栏”。因此，气泡幕由“气泡墙”和“气泡栅栏”两部分组成。赵锡光等（1997）在研究不同孔距下固定气泡幕对黑鲷的阻挡作用时发现，当孔距为 5.0 cm 时，产生的气泡体积适中，气泡流均匀，阻挡效果较好；当孔距小于 5.0 cm 时，未观察到明显的气泡合并现象；而当孔距大于 5.0 cm 时，气泡流之间存在多个无气泡区域，特别是靠近通气管处，形成气泡的“栅栏”效应。只有当气泡幕被鱼感知为整片的视觉墙时，才能产生较好的驱赶效果。室内试验显示，气泡幕形成之前，试验水槽中的鱼类行为活跃，频繁穿越中线，这表明试验水池对鱼类行为没有影响。当气泡幕刚形成时，对鱼的感觉器官产生刺激作用，鱼类行为明显改变，位于通气管附近的鱼会游离气泡幕，而其他区域的鱼则静止不动，这表明气泡幕具有明显的阻挡作用。然而，经过一段时间后，鱼类开始在小范围内慢慢游向气泡幕，有的鱼游到附近后立即改变方向返回，有的鱼则随水流上升到表层后再返回，但不穿越气泡幕。试验水池空间相对狭小，随着通气时间的延长，鱼类逐渐适应气泡幕的存在，开始穿越气泡幕，此时气泡幕的阻挡作用变得较小。

2. 气泡幕的声学特征

除视觉途径外，气泡幕对鱼类产生影响的方式还包括听觉、侧线和触觉。由于声学特性的差异，气泡幕对鱼类的听觉作用也存在差异。鱼类的内耳具有听觉功能，能感知频率为 16～3 000 Hz，而鱼类的侧线也有听觉功能，可感受 1～25 Hz 的频率。此外，鱼类是否具有鳔及鳔的大小、形状和与内耳的联系方式等因素也会对鱼类的听觉产生影响。赵锡光等（1997）在对试验水池中的气泡幕声响进行测试时发现，其频率为 0～25 kHz，甚至更高。鱼类最敏感的听觉频率为 100～1 000 Hz，并且鱼类对声音感觉的阈值与人类听觉阈值非常接近。因此，气泡幕所产生的声音对鱼类产生较强的听觉刺激。在气泡幕形成时，尤其是排气管刚放气的瞬间，鱼类突然听到声响会感到惊恐并四处逃逸。然而，由于气泡幕本身对鱼类并不构成威胁，即不会让鱼类感到生命安全受到威胁，同时试验水池的空间相对于鱼类的自然活动范围过于狭小，所以经过短暂的适应后，鱼群中胆大的鱼一旦穿越气泡幕，其他鱼便会蜂拥而过，使得气泡幕无法成为绝对的屏障。因此，在使用气泡幕时，可以考虑与其他物理屏障如电幕、声波幕、光幕等相结合，使鱼类在接触气泡幕时产生痛感和危险感，从而阻止其轻易穿越气泡幕，以提高气泡幕的阻挡效果。在试验室环境中，受到水池空间的限制，形成气泡幕时所产生的声响会受到池壁、池底等多个位置的反射和折射影响，导致声音频率混杂，形成的梯度声场不太明显，这可能会削弱鱼类的听觉作用。同时，气泵和船只也会产生噪音，对气泡幕的鱼类拦截和集聚带来不利影响。Кузнецов（1969）认为，在水族箱和小船条件下进行气泡幕试验会导致声场失真，在这种情况下，鱼类只能依靠视觉而无法定向听觉。他指出，气泡幕的阻挡效果与频率在 3～6 kHz 内的声压振幅大小呈线性关系。不同鱼类的听觉敏感性和可听频率范围存在相当大的差异，而气泡幕形成和上升运动中产生的声响对不同鱼类的影响也各不相同。因此，在捕捞作业中，可以根据目标物种的敏感区域，结合气泡幕产生特定频率范围内的声音，以更好地诱导和驱赶鱼群，实现选择性捕捞的目标。关于鱼类是否对气泡幕具有适应现象，赵锡光等（1997）的研究发现，黑鲷在气泡幕形成初期不敢穿过，从开始通气到鱼第一次通过气泡幕的平均时间间隔逐渐缩短，但差距不大。在短暂的适应后，鱼类会多次尝试穿越气泡幕，整个 1 h 通气过程中，基本以相似的频率来回穿越气泡幕，说明黑鲷对气泡幕没有明显的适应现象。然而，陈勇等（2002）的试验发现，不同密度的气泡幕对红鳍东方鲀的平均阻挡率随着试验次数的增多逐渐下降，这表明红鳍东方鲀可以逐渐适应气泡幕。不同海水鱼类对气泡幕的适应情况可能与形成不同密度气泡幕的参数，以及鱼类在养殖环境中的差异有关。此外，刘理东和何大仁（1988）的研究表明，某些淡水鱼类对气泡幕具有明显的适应性，这可能是淡水鱼类生活在相对不稳定的环境中，容易受到外界干扰，因此对外界干扰的适应能力较强。

7.3.2 鱼类对气泡幕趋避反应

尽管气泡幕在国外已经广泛应用，并且在国内也有一定的理论基础，但气泡幕对鱼类的作用机制仍在研究中。气泡幕从底部向上形成一道帷幕或气泡墙，当鱼类靠近气泡形成的环流圈时，部分鱼类会产生逃避反应。气泡幕对鱼类的驱赶作用主要依靠水中产生的声音、视觉效果、气泡上升过程中产生的环流等三者的共同作用。气泡幕不仅对鱼类有驱赶作用，而且在一定程度上还具有吸引作用。试验过程中发现，鱼类虽然难以穿越气泡幕，但它们经常在气泡幕周围徘徊。利用这两种特性，可以将鱼类定向引导至特定地点，例如引导目标鱼类进入鱼道入口或集运鱼船等过鱼设施。然而，目前国内外关于气泡幕的研究还不够深入，如何将气泡幕的特性及其对鱼类行为的影响结合到实际工程中仍然是一个亟待解决的重要问题。

7.4 气泡幕驱鱼技术在过鱼设施中的应用

7.4.1 应用现状

国外开展了较多鱼类对气泡幕的行为响应研究，气泡幕驱鱼技术在工程应用中也越来越多。例如，气泡幕被用作组合屏障之一，用于阻止外来鱼种如鳙、鲢、鲤等的入侵；气泡幕被用来阻挡大马哈幼鱼在洄游过程中通过支流进入沼泽，从而降低死亡率。国内的研究人员报道了不同孔径、孔距和气量的气泡幕对海水鱼类如黑鲷、青石斑鱼（*Epinephelus awoara*）及淡水鱼类（如花䱻、白甲鱼和鲢幼鱼等）的阻挡效果，并希望探索出具有最佳阻拦效果的孔距、孔径和气量。这些研究旨在进一步理解气泡幕对鱼类的作用，并为工程应用提供参考和指导。

人类对河流系统进行的人为改变，如灌溉和水力发电开发，对鱼类资源产生了负面影响。当鱼类经过潜在危险区域时，它们的存活率大大降低。在萨克拉门托（Sacramento）—圣华金河（San Joaquin River）三角洲，幼年大鳞大麻哈鱼通过与萨克拉门托河分离的两条水道进入三角洲内部。鱼类首先通过三角洲十字水道，然后通过距离交叉水道入口下游 1 km 处的天然水道。这两条水道可将多达 50%的鱼类引入三角洲内部，导致很多鱼类面临生存威胁。由于大量鱼类被夹带流入三角洲内部，管理人员考虑使用非物理屏障将鱼类从乔治亚娜泥沼的入口引导至存活率更高的萨克拉门托河。为解决这个问题，Perry 等（2010）研究了一种生物声学鱼围栏，并评估了其实际效果。该鱼围栏主要由闪光灯、声音和气泡幕组成，旨在让幼年大鳞大麻哈鱼远离乔治亚娜泥沼。为了量化鱼类的反应，研究人员通过从植入声学发射器的幼年大鳞大麻哈鱼身上获取的二维运动路径，估计了单尾鱼被夹带的概率。总体而言，当生物声学鱼围栏开启时，约有 7.7%的鱼被夹带到乔治亚娜泥沼；当生物声学鱼围栏关闭时，约有 22.3%的鱼被夹带到乔治亚娜泥沼。生物声学鱼围栏的效果受到多种因素的影响，例如其有效性随着河流流量的增大而下降，可能是因为增大的流速降低了鱼类免于被夹带的能力，从而更易穿过声学屏障到达乔治亚娜泥沼。此外，生物声学鱼围栏能够将夹带概率降低多达 40 个百分点，临界流线定义了进入每个通道的矢量流向的划分。生物声学鱼围栏系统已被证明可以成功将大量的大西洋鲑幼鱼从一条河道引导至另一条河道，提高幼鱼的存活率。此外，气泡幕驱鱼工程在海洋牧场中也广泛应用，对保护鱼类和提高渔获量具有重要作用。尽管国内尚未开展实际应用，但气泡幕技术具有成本低、零污染、对鱼类无伤害等优点，因此具有广阔的应用前景。

7.4.2　案例分析

1. 气泡幕对异齿裂腹鱼的阻拦效应

1）试验材料

在试验中，使用异齿裂腹鱼作为研究对象，其体长 BL＝(23.7±5.2)cm，湿重 Wg＝(146.7±26.5) g。这些鱼类来自雅鲁藏布江中游的桑日至加查峡谷江段，并被临时养在直径为 2.9 m 的圆形水槽中，养殖期为 5 天。在试验开始前的 48 h 内，对鱼类进行禁食，并使用雅鲁藏布江循环水作为养殖用水，保持水温在 12～14 ℃，并进行持续曝气。从大量的捕获物中，挑选出未受伤且活力良好的样本用于试验。总共获得了 140 尾样本，每组试验重复选取 1 尾生理活力良好的鱼进行试验，并在试验结束后将其取出并暂时养在另一个水槽中。为了确保结果的可靠性，同一尾鱼不进行重复试验，以防止试验鱼对环境产生适应。

2）试验装置

试验装置采用自制的钢质开放水槽，尺寸为 3 m×0.55 m。水槽的布置顺序沿着水流方向依次为整流栅、拦鱼网、气泡幕管、试验区、适应区和拦鱼网。为避免气泡幕产生的视觉影响，整个试验区域用遮光布遮盖，以确保试验在黑暗环境中进行。试验所用的气泡幕管选用直径为 2 cm 的 PVC 管材，孔径为 2 mm，孔距为 1 cm。当气泡幕管以 45° 和 90° 摆放时，长度分别为 77.78 cm 和 55.00 cm。试验所需的气泡由静音空压机（1 500 W，50 L）产生，并通过软管输送至试验的气泡幕管中。下游蓄水池内安装了一个潜水泵，通过水槽外部输水管连接到上游蓄水池，以产生循环水流。在试验区域上方安装了一个摄像头（红外网络摄像头，焦距为 6 mm，帧率为 25 Hz，品牌为海康威视），用于记录鱼类的行为和相关指标。

3）试验方法

试验将在静水和流水两种条件下进行。试验组设有三种不同的气量，分别为 15 L/min、30 L/min 和 45 L/min，并且有两种气管摆放角度，分别为 90° 和 45° （相对于水流方向）。在静水和流水条件下，分别设立一组空白对照组，即不开启气泡幕。总共设置了 14 个工况，如表 7.1 所示。每个工况将进行 10 次重复试验，每次试验放置 1 尾鱼。

表 7.1　试验工况分组

工况	水流条件	摆放角/（°）	气量/（L/min）
对照组			0
1	静水	90	15
2			30
3			45
4		45	15
5			30
6			45
对照组			0
7	流水	90	15
8			30
9			45
10		45	15
11			30
12			45

试验开始前，将鱼放置在水槽中适应 20 min。随后开启气泡幕，并取出拦鱼网，开始试验。试验的时长是指从试验开始到目标鱼首次穿过气泡幕的时间。如果目标鱼始终未能穿越气泡幕，则试验时长为 60 min。在试验过程中，摄像头将捕获并记录目标鱼在试验水槽内的行为。试验结束后，将测量试验鱼的体长和体重。在流水试验中，水槽的流速设定为 0.2 m/s，这个流速可以达到大部分异齿裂腹鱼的感应流速。

本书统计了异齿裂腹鱼在试验期间的尝试次数、气泡幕的阻拦时间和尝试距离。尝试次数指的是目标鱼在试验期间尝试穿越气泡幕的次数。气泡幕的阻拦时间是指异齿裂腹鱼第一次离开适应区域到成功通过气泡幕所需的时间。尝试距离表示目标鱼一次尝试中达到的最远距离。通过这些指标可以更全面地了解异齿裂腹鱼对气泡幕的行为和反应。

4）数据处理

气泡幕对异齿裂腹鱼的行为影响根据阻拦率（OR）、尝试次数、阻拦时间及气泡幕的影响距离来定量评价。目标鱼的通过率越小，相对气泡幕的阻拦率越高。阻拦率（OR）计算公式如下：

$$\mathrm{PR}=\frac{\mathrm{NPA}}{\mathrm{NPC}}\times 100\% \tag{7.1}$$

$$\mathrm{OR}=100\%-\mathrm{PR} \tag{7.2}$$

式中：PR 为异齿裂腹鱼的通过率；NPA 为通过气泡幕的重复尾数；NPC 为每个工况下试验重复的尾数。

气泡幕的影响距离（L）的计算方法如下：

目标鱼一次尝试到达最远距离的坐标点为（y_1, x_1）（下同）。

90° 摆放时：

$$L=120-y_1 \tag{7.3}$$

45° 摆放时，设气管所在线的方程为

$$x=147.5-y \tag{7.4}$$

45° 摆放时，当气管所在线上的点纵坐标为 x_1 时，对应横坐标 y_2=147.5−x_1，则

$$L=y_2-y_1=147.5-x_1-y_1 \tag{7.5}$$

坐标轴和坐标原点的位置确定，如图 7.1 所示。

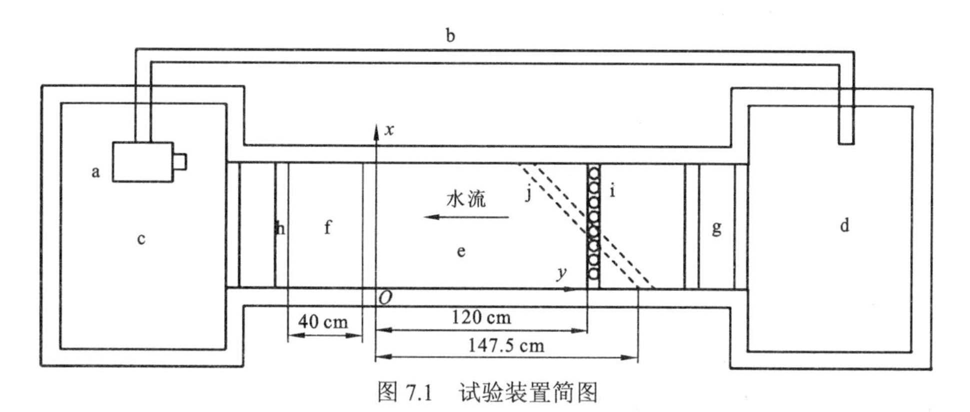

图 7.1　试验装置简图

a.港水泵；b.输水管；c.下游蓄水池；d.上游蓄水池；e.试验区；f.适应区；g.整流栅；h.拦鱼网；i.90° 气泡幕管；j.45° 气泡幕管

采用 SPSS 22.0 进行试验数据分析，统计值以平均值±标准差（Mean±SD）的形式表示。采用多因素方差分析法来比较各工况下阻拦时间的差异性。使用单因素方差分析来检验各工况下尝试次数和气泡幕影响距离之间是否存在差异。显著性水平设定

为 $P<0.05$，表示差异具有统计显著性。通过回归分析，拟合多项式方程，以分析鱼类尝试行为随时间变化的趋势。

5）试验结果

（1）对不同规格气泡幕对异齿裂腹鱼的阻拦率进行了分析。研究考察了水流条件、摆放角度和气量对气泡幕阻拦率的影响。如表 7.2 所示，在静水条件下，工况 2（90° 摆放，气量 30 L/min）时气泡幕阻拦率最高（50%），而在流水条件下，工况 7（90° 摆放，气量 15 L/min）时气泡幕阻拦率最高（50%）。这些发现有助于进一步优化气泡幕的设计和应用。

表 7.2 异齿裂腹鱼在不同工况下的阻拦率

工况	阻拦率/%
静水对照	0
1	10
2	50
3	10
4	20
5	20
6	10
流水对照	0
7	50
8	30
9	0
10	0
11	0
12	20

（2）对气泡幕的阻拦时间的分析表明，气量、摆放方式和水流条件这三个因素及它们之间的交互作用对阻拦时间产生了显著影响（表 7.3）。在交互作用方面，气量与水流及气量与摆放方式之间的交互作用也呈现显著性（$P<0.05$）。因此，需要对气量与水流及气量与摆放方式这两组交互作用进行进一步具体的分析。

表 7.3　不同工况下阻拦时间的单因变量三因素方差分析

来源	III 型平方和	自由度	均方	F	P
修正的模型	35 922 574.648	11	3 265 688.604	3.208	0.001
截距	60 561 516.121	1	60 561 516.121	59.494	0.000
气量	1 760 685.836	2	880 342.918	0.865	0.424
水流	474 436.554	1	474 436.554	0.466	0.496
摆放方式	6 400 439.101	1	6 400 439.101	6.288	0.014
气量×水流	13 654 789.644	2	6 827 394.822	6.707	0.002
气量×摆放方式	9 129 656.056	2	4 564 828.028	4.484	0.014
水流×摆放方式	323 675.545	1	323 675.545	0.318	0.574
气量×水流×摆放方式	4 253 294.458	2	2 126 647.229	2.089	0.129
误差	103 829 791.922	102	1 017 939.136	—	—
统计	202 055 987	114	—	—	—
校正后总数	139 752 366.57	113	—	—	—

图 7.2 是气量与水流交互作用对阻拦时间的影响分析，由图可知，各试验组的阻拦时间均高于对照组。特别是在流水条件下使用 15 L/min 的气量与在静水条件下使用 30 L/min 的气量时，阻拦时间显著大于对照组。

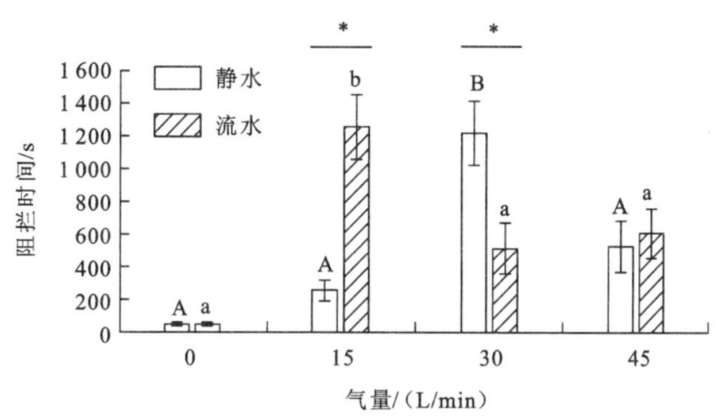

图 7.2　气量×水流的交互作用对阻拦时间的影响

不同气量代表不同组别。

同一组别内，*代表静水与流水在同一气量水平下的阻拦时间具有显著性差异（$P<0.05$）；

不同组别间，大写字母不同代表静水在不同气量水平下的阻拦时间具有显著性差异（$P<0.05$），小写字母不同代表流水在不同气量水平下的阻拦时间具有显著性差异（$P<0.05$）。

图 7.3 是气量与摆放方式交互作用对阻拦时间的影响分析，由图可知，在 90° 摆放时，使用 15 L/min 和 30 L/min 的气量的阻拦时间显著大于对照组。在 45° 摆放时，随着气量的增加，阻拦时间呈上升趋势，但各组之间没有显著性差异（$P>0.05$）。在 15 L/min 和 30 L/min 的气量下，90° 摆放方式的阻拦时间显著大于 45° 摆放方式（$P=0.019$，$P=0.005$）。在气量为 45 L/min 时，45° 摆放方式的阻拦时间大于 90° 摆放方式，但两

者之间没有显著性差异（$P>0.05$）。

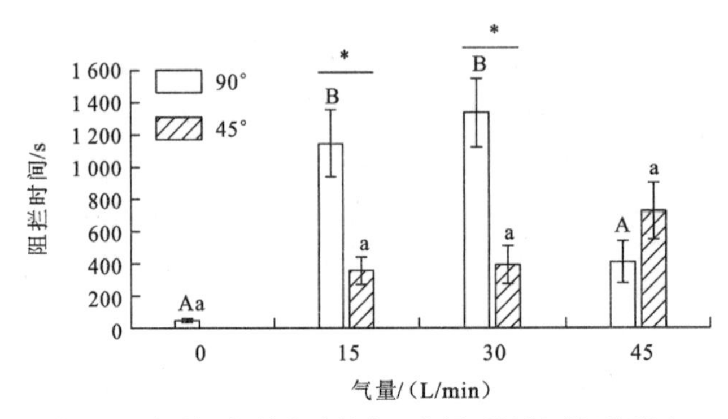

图 7.3　气量×摆放方式的交互作用对阻拦时间的影响

不同气量代表不同组别。

同一组别内，*代表同一气量水平下 45° 摆放方式与 90° 摆放方式的阻拦时间具有显著性差异（$P<0.05$）；

不同组别间，大写字母不同代表 90° 摆放方式在不同气量水平下的阻拦时间具有显著性差异（$P<0.05$），小写字母相同代表 45°摆放方式在不同气量水平下的阻拦时间无显著性差异（$P>0.05$）。

总结起来，根据试验结果，在各个工况下，气泡幕对异齿裂腹鱼具有明显的阻拦效果，阻拦时间显著大于对照组。在静水条件下，气量为 30 L/min 时的阻拦效果最好。试验还发现，当气量过小或过大时，会影响气泡幕的阻拦效果，因为过小的气量难以形成明显的扰动效果，而过大的气量会在气泡幕上升时产生卷吸效应。在存在水流的条件下，气泡幕的形态和鱼类的游泳姿态会发生变化，因此与静水条件下的阻拦效果存在差异。在 90° 摆放时，异齿裂腹鱼会对气泡幕产生应激反应并离开，而在 45° 摆放时，鱼类会沿着气管徘徊，并从角度较大的一端游向角度较小的一端，这增加了通过的概率，因此阻拦时间较短。

（3）对异齿裂腹鱼对气泡幕的适应性进行了研究。试验结果显示，在各个试验组中，异齿裂腹鱼的尝试次数明显大于对照组。根据图 7.4 的结果，可以观察到对照组中没有明显的规律，而在试验组中，异齿裂腹鱼的尝试次数在气泡幕阻拦时间变化时没有明显的变化趋势，总体尝试次数趋近于常数 6 次。不同的工况对异齿裂腹鱼的尝试次数没有明显的影响。当异齿裂腹鱼尝试次数达到 6 次左右时，它们对气泡幕产生了适应性，即不再尝试穿越气泡幕。不过，不同工况下异齿裂腹鱼形成适应性所需的时间是不同的。

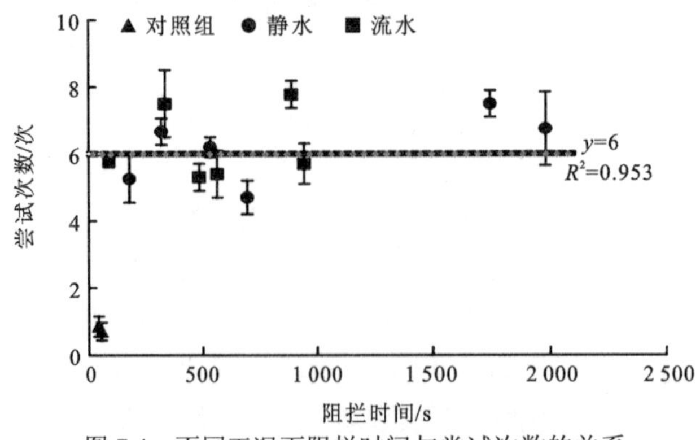

图 7.4　不同工况下阻拦时间与尝试次数的关系

对所有试验组中每隔 10 min 异齿裂腹鱼总尝试次数随试验时长的变化规律进行分析。根据图 7.5 的结果，在静水和流水条件下，异齿裂腹鱼的尝试次数呈现先递减后上升的趋势，并且尝试次数与试验时间之间呈现二次函数关系。在静水中，试验时间约为 47.7 min 时，曲线达到极小值，尝试次数约为 0，在此后曲线开始上升；在流水中，尝试次数整体上要小于静水条件，但差异不显著($P>0.05$)，在试验时间约为 48 min 时，存在极小值点约为 1，随后开始上升。在气泡幕刚开启时，异齿裂腹鱼感受到危险，在试验水槽中频繁游动，因此此时异齿裂腹鱼的尝试次数最高。随着试验时间的增加，异齿裂腹鱼的行为次数减少，尝试次数呈下降趋势。当尝试次数达到 6 次后，异齿裂腹鱼开始陆续穿过气泡幕。在试验进行到 48 min 时，几乎所有的异齿裂腹鱼（98%）不再进行任何尝试行为，其中大部分的鱼（83%）已经通过了气泡幕，少部分（15%）的鱼停留在远离气泡幕的一端静止不动。

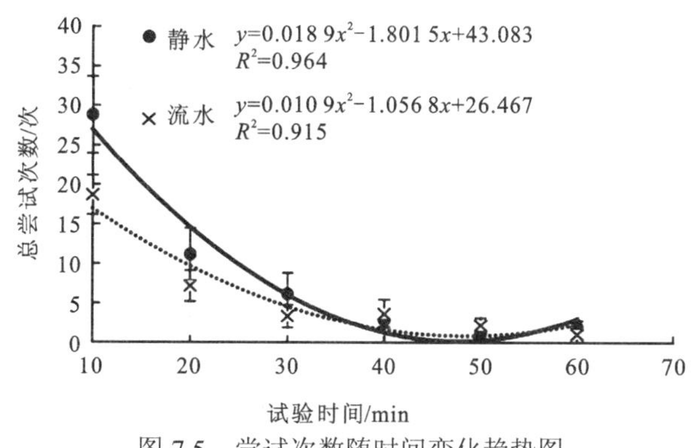

图 7.5　尝试次数随时间变化趋势图

（4）通过试验分析了不同工况下气泡幕的影响距离差异性，如图 7.6 所示，在气量为 15 L/min 时，流水条件下的 90° 摆放和 45° 摆放的气泡幕的影响距离均显著大于静水条件下的 90° 摆放和 45° 摆放（$P<0.05$）。静水条件下气泡幕的平均影响距离为 9.2 cm，而流水条件下的平均影响距离为 23.7 cm。因此，水流是增大气泡幕影响范围的主要因素。观察试验结果还发现，水流可以改变气泡幕的形态和破裂位置，进而影响试验鱼的尝试距离。

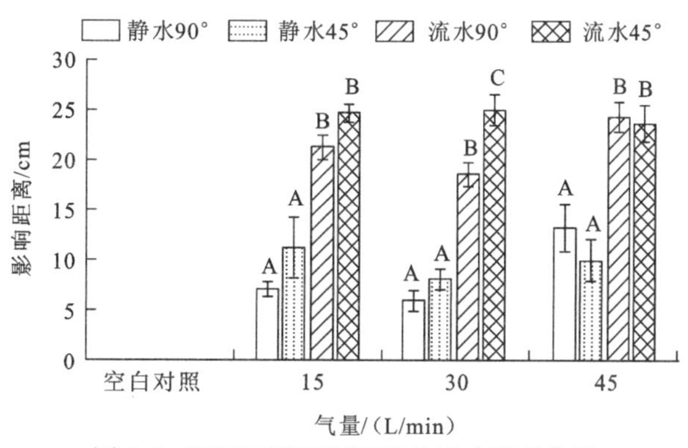

图 7.6　不同工况下气泡幕的影响距离分析

不同字母表示不同工况下气泡幕的影响距离具有显著性差异（$P<0.05$）

2. 气泡幕对鲢幼鱼影响研究

1）试验材料

试验中的鲢幼鱼来自宜都渔场，用于试验的鱼缸是一个直径为 2.3 m、高度为 1.0 m、水深为 0.4 m 的圆柱形容器。鱼的体重为（14.62±1.84）g，体长为（11.68±0.56）cm。在进行试验之前，这些鱼会在一个容量为 0.75 m^3 的鱼缸中暂养 7 天。鲢主要栖息在水的上层，以浮游植物为主食，并摄食少量的浮游动物。在试验开始之前，会根据池内鱼的体重投喂少量的水蚯蚓，投喂量约占鱼体重的 2%～5%，直到鱼正常进食为止。试验使用曝气自来水，控制水温在（20±2）℃，溶解氧含量保持大于 7 mg/L，氨氮水平保持小于 0.01 mg/L，光照条件为室内自然光。为了确保试验结果的准确性，试验鱼不会被重复使用。

2）试验装置

使用的试验装置是一台自制的钢混结构水槽，规格为 7 m 长、0.8 m 宽、1.2 m 高。该水槽置于一个全封闭的室内环境中，以便于对水温和光照进行控制。在水槽的中间位置底部，铺设了一根长度为 50 cm 的 PVC 管。该管的顶端布置了一系列直径为 2.0 cm、孔距为 2.5 cm、孔径为 1.5 mm 的小孔。使用一台静音空压机（1 500 W，50 L）提供压缩空气，通过水底的 PVC 管顶部小孔排放气泡。在水槽外部的 PVC 管上设置了一个 0～240 L/min 的气量计，用于测量通过气体的流量。

3）试验方法

在试验开始之前，确保试验水槽的水温与暂养槽的水温基本一致，保持在(20.2±0.5) ℃范围内。试验水槽的水深设置为 80 cm，并保持静水状态。试验在黑暗环境下进行。将气量分为 8 组梯度试验：0（对照组），10 L/min、20 L/min、30 L/min、40 L/min、60 L/min、80 L/min、120 L/min（试验组）。每组试验重复进行 10 次，试验时间为 19 : 00 至 24 : 00（根据预试验已知鲢幼鱼的昼夜周期）。每次试验从暂养水槽中随机取出一条鲢幼鱼，放入试验水槽泳道试验区的适应区域。试验开始前，鱼处于饥饿状态，经过 30 min 的适应后，打开静音空压机，观察气量计，并通过调节阀门开度以达到所需的试验气量，并保持稳定。然后打开录像并移除拦鱼网，正式开始试验。每次试验的最长时间为 60 min，记录鲢幼鱼第一次通过气泡幕的时间，并结束该次试验。如果在 60 min 内鲢幼鱼始终未通过气泡幕，则也视为该次试验结束，使用渔网捞出试验鱼，并同时测量和记录鱼的体重和体长。每次试验结束后更换试验鱼以进行下一次试验，以避免同一条鱼参与两次试验。试验装置如图 7.7 所示。

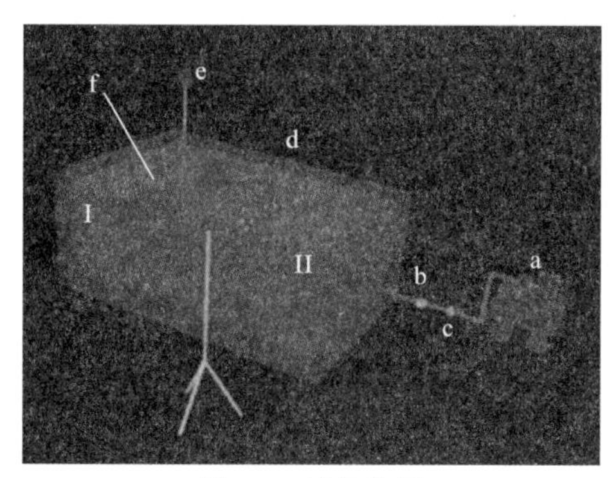

图 7.7 试验装置

a. 静音空压机；b. 气量计；c. 阀门；d. PVC 管；e. 摄像头；f. 拦鱼网；I. 适应区；II. 试验区

该试验采用汉邦高科 HB772S-AR3 摄像头作为视频监控设备，安装在水槽的一侧，用于记录试验过程中鱼类的游泳行为，并通过视频分析来统计试验数据。特别是通过视频回放分析鱼类接近气泡幕的行为。以鱼体的吻部作为个体位置的代表，大致记录鱼类的行为。利用汉邦高科软件结合 xz 方向的视频，采集在不同气压相同工况下，试验鱼在气泡幕前的折返情况及尝试距离。在这里，鲢幼鱼在气泡幕下的尝试距离 L 定义为鱼在适应区与试验区的交界处（即出发位置）的吻部到产生折返行为处吻部之间的距离（图 7.8）。

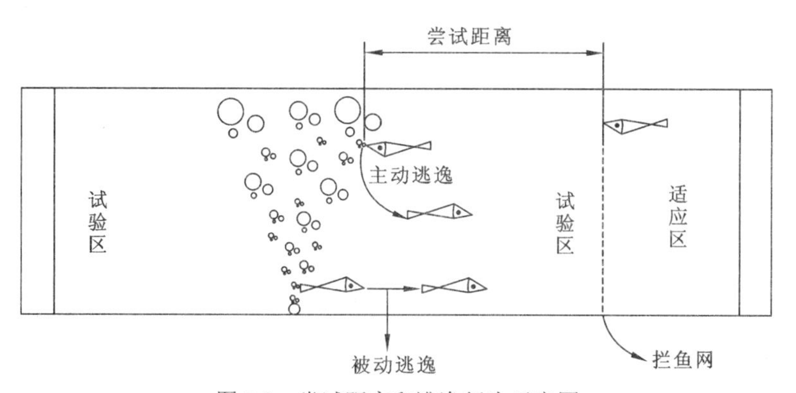

图 7.8 尝试距离和逃逸行为示意图

在不同气量下，鲢幼鱼对气泡幕的趋避行为主要为逃逸行为。逃逸行为又可分为主动逃逸和被动逃逸。主动逃逸：当试验鱼接触到气泡幕时，它会主动进行折返，鱼体转角达到 180°，并迅速游回原来的位置。被动逃逸：在试验鱼尾部接触气泡幕的影响下（鱼头朝向适应区域，还未接触到气泡幕），鱼体转角为 0°，并迅速游回原来的位置。详细示意图请参考图 7.8。这些逃逸行为展示了鲢幼鱼在受到气泡幕刺激时的行为反应，并提供了对试验数据的进一步分析。

4）数据处理

阻拦或诱导效果可通过通过率（PR）来评估，该指标表征了气泡幕对试验鱼的阻拦或诱导程度。当试验鱼在特定工况下通过率较低时，说明气泡幕对试验鱼的阻拦效果较好。

$$\mathrm{PR}=\frac{\mathrm{NPA}}{\mathrm{NPC}}\times 100\% \tag{7.6}$$

式中：NPA 为鱼类通过气泡幕的次数；NPC 为每个工况下鱼类的重复次数，取值为 10。主动逃逸次数占比表示在整个单个气量组中，主动逃逸次数占总逃逸次数的比率。被动逃逸次数占比表示在整个单个气量组中，被动逃逸次数占总逃逸次数的比率。

使用 SPSS 22.0 软件对试验数据进行分析和处理。对照组和试验组的通过率比较可以使用单样本 t 检验进行。尝试距离的统计值将用平均数±标准差（Mean±SD）进行描述，并使用单因素方差分析对尝试距离的统计值进行比较，显著性水平设定为 $P<0.05$。拟合相关关系将采用线性回归分析方法进行分析。

5）结果与分析

（1）比较鲢幼鱼在静水且黑暗处理下对不同气量气泡幕的通过率。结果显示，对照组的通过率为 100%，明显高于试验组的平均通过率 53%（$P<0.05$），具体见图 7.9。气泡幕能够降低鱼类的通过率，但鲢幼鱼对气泡幕的通过率并非随着气量的增大而逐渐增大。相反，鲢幼鱼的通过率在 0～30 L/min 气量区间内出现波动性的减小，尤其在 20 L/min 和 30 L/min 气量下通过率最低，为 40%。然而，在 40 L/min 气量后，通过率开始明显增大，随气量增大而增大，尤其在 40～120 L/min 内增幅更为明显。

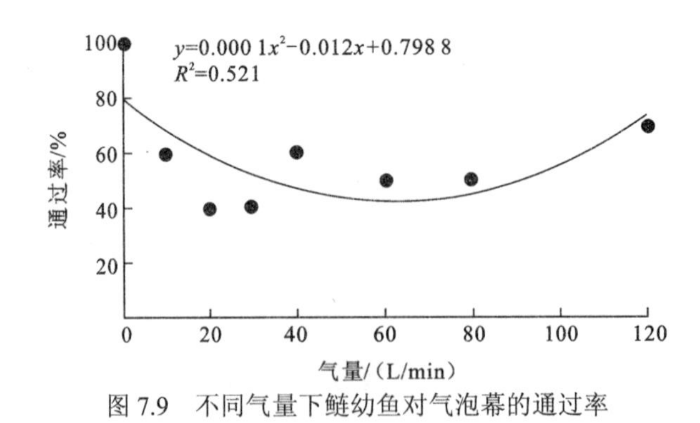

图 7.9　不同气量下鲢幼鱼对气泡幕的通过率

（2）在不同气量条件下，对尝试距离进行观察可以看到趋势的变化。对照组鲢幼鱼的平均尝试距离为 229.6 cm，试验组的平均尝试距离为 152.4 cm，这表明在没有气泡幕的视觉影响下，气泡幕产生的水流扰动和机械振动抑制了鲢幼鱼的尝试行为。图 7.10 展示了不同气量组鲢幼鱼的尝试距离。对照组和 30 L/min 组之间的鲢幼鱼尝试距离存在显著性差异（$P<0.05$），而其他组之间则没有显著性差异（$P>0.05$）。30 L/min 气量组的鲢幼鱼尝试距离最短。尝试距离的趋势线显示，在气量小于 40 L/min 时尝试距离减小，并在 40 L/min 组达到最低点，在超过 40 L/min 后尝试距离开始增大。

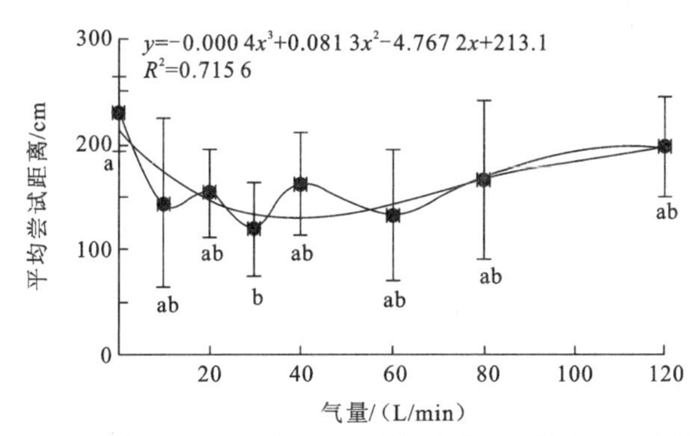

图 7.10　不同气量分组与鲢幼鱼通过气泡幕的平均尝试距离的关系

（3）在不同工况下，通过率与尝试距离之间存在关系。在鲢幼鱼对气泡幕进行尝试时，通过率与尝试距离呈正相关的趋势，这一关系可以在图 7.11 中看到。结合图 7.9～图 7.11，对照组工况下，鲢幼鱼的尝试距离最大，即覆盖整个试验区的长度；与之类似的是，30 L/min 工况下，鲢幼鱼的通过率和尝试距离均为所有试验组中最小，即图 7.11 中关系曲线的最低点。数据显示气量为 0～40 L/min 时，通过率和尝试距离之间的耦合关系曲线波动较大。综上所述，说明鲢幼鱼在 30～40 L/min 气量区间内受气泡幕行为的影响最大，高气量下上升水流引起鱼的应激反应，但通过率反而增加。高气量对于提高气泡幕的阻隔效果没有具体相关性。在这一气量区间中，鲢幼鱼的尝试距离呈现先减小后增加的趋势，而对应的气泡幕通过率也出现类似的大小变化。

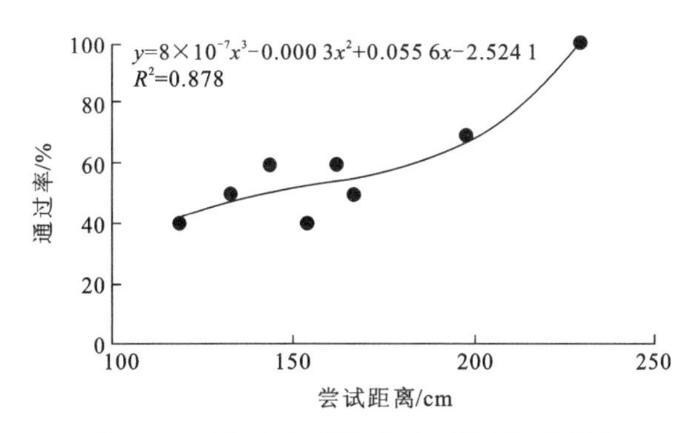

图 7.11　不同气泡幕通过率与尝试距离关系

（4）鲢幼鱼对不同气量的气泡幕表现出不同的逃避行为。图 7.12 显示了鲢幼鱼主动逃逸次数占比与气量的关系。随着气量的增加，气泡幕中气泡的疏密程度逐渐增加，从而增加了试验区水流的扰动。在逃逸情况下，鲢幼鱼的主动逃逸次数占比随着气量增加而呈现从“缓慢增加”到“大幅增加”的趋势。在气量为 0～30 L/min 时，主动逃逸次数占比持续波动。当鲢幼鱼受到刺激时，它们表现出趋避行为，即在接触气泡幕之前就已经返回出发位置。这进一步说明了在 30 L/min 和 40 L/min 气量下，鲢幼鱼的通过率较低，气泡幕具有较好的阻拦效果。在气量为 40～120 L/min 时，主动逃逸次数占比在波动后开始上升并达到最高点。随着水流回流的增加，鲢幼鱼因为接触到气泡幕的触觉作用而表现出更多的突进游泳行为，导致主动逃逸次数占比增加，相较于气量为 0～30 L/min 时更高。

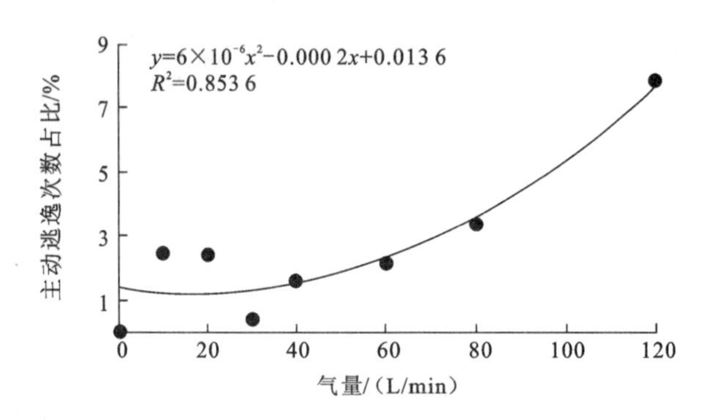

图 7.12　鲢幼鱼通过气泡幕的主动逃逸次数占比

在图 7.13 中，可以看到鲢幼鱼通过气泡幕的被动逃逸次数占比与气量之间的关系。被动逃逸次数占比随着气量增加而增加，显示了整个气量区间内气泡幕的梯度效应。特别是在大于 40 L/min 的气量条件下，上升水流的扰动引起了鱼的应激反应，迫使鲢幼鱼产生被动逃逸行为，并随着气泡幕产生的回流扰动卷入其中，朝向起始点方向逃逸。这说明在高气量条件下，气泡幕的上升水流扰动对鲢幼鱼的逃逸行为产生了明显的影响。

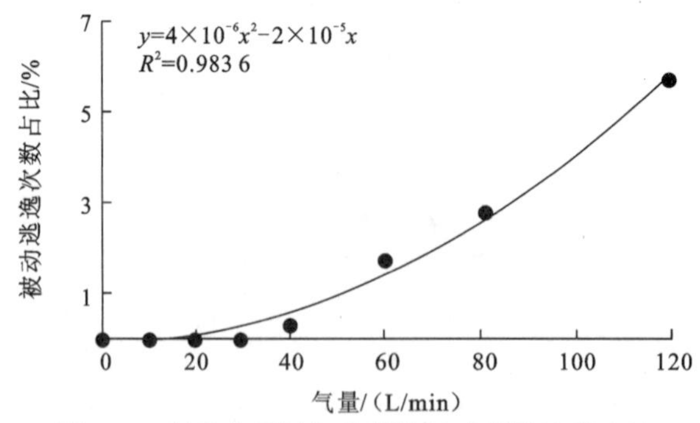

图 7.13　鲢幼鱼通过气泡幕的被动逃逸次数占比

3. 应用于马堵山水电站集运鱼系统中气泡幕导鱼设计方案

1）工程背景

红河流域的大部分地区都被认定为国家级和省级贫困地区，面临着水资源利用率低和缺水问题严重的问题。马堵山水电站是一座采用坝式开发的水电工程，其主要任务是供水和航运。该水电站的水库正常蓄水位为 217.0 m，最大坝高为 107.5 m，水库总库容为 5.51 亿 m^3，电站装机容量为 300 MW。根据《防洪标准》（GB 50201—94）和《水电枢纽工程等级划分及设计安全标准》（DL 5180—2003）的规定，基于水库总库容和电站装机容量确定了该工程的等级为 II 等，属于大（II）型的工程规模。水利枢纽的主要建筑物包括挡水及泄水建筑物、引水系统及发电厂房，为 2 级建筑物，而永久性次要建筑物的等级为 3 级，临时建筑物的等级为 4 级。下坝址采用面板堆石坝，最大坝高为 145.4 m，超过 50 m 后，根据《水电枢纽工程等级划分及设计安全标准》（DL 5180—2003）中 5.0.5 条的规定，面板堆石坝的等级提高一级，成为 I 级建筑物。马堵山水电站的过鱼工程系统非常复杂，各个单元之间有多个连接环节，相关的生态学研究相对较弱，而且国内外也没有类似的工程案例成功运行。因此，工程设计具有较大的难度。为了确保过鱼工程设计的有效性，相关单位进行了过鱼系统工程鱼类生态学试验研究和设计工作。

马堵山集运鱼系统包含三个主要组成部分，即下行集鱼系统、上行集鱼系统和转运系统。下行集鱼系统和上行集鱼系统是整个系统的核心要素。下行集鱼系统的关键是卵苗采集系统，利用坝上工作船将该系统装载到指定水域，用于集鱼。在夜晚开启的灯光诱鱼系统的辅助下，在岸边回水区域和支流交汇水域（即指定的采集水域）定点采集鱼卵和鱼苗。一旦鱼卵和鱼苗密度达到一定水平，坝上工作船将它们运送至岸边码头，然后再通过运鱼车运送至坝下放流位点进行放流。上行集运鱼系统由深水网箔、集鱼平台、8 t 汽车吊和固定设施等组成。在集鱼工作开始之前，需要使用系泊系统将深水网箔和集鱼平台固定在指定水域。当集鱼箱平台内的鱼类需要转运时，通过调节集鱼平台上的收紧装置，使集鱼平台靠近岸边，然后利用汽车吊将集鱼箱从集鱼平台上吊起，转移到转运工作区，工作人员将鱼类转运到运鱼车上的活鱼暂养箱中，由运鱼车将鱼类转运至坝上指定的放流位置。在汛期，为确保上行集鱼系统的安全，需要使用汽车吊将集鱼平台吊起并转移到安置点。转运系统包括运鱼车（包含活鱼暂养箱）、吊装设备和转运路线。起重设备（8 t 汽车吊）将采集的鱼类、鱼卵和鱼苗从集鱼网箱中吊装至运鱼车上的活鱼暂养箱中，转运线路利用电站管理区域内现有的公路进行改造，以便运鱼车将鱼类转运至大坝上下合适的放流位置。

2）气泡幕拦导鱼设计方案比选

为了进一步提高马堵山水电站集运鱼系统的集鱼效果，集鱼通道内的设计流速被设定在 0.4～0.76 m/s。基于拦诱结合原则，采用以拦为主的上行集鱼方案。除了主要的拦鱼措施外，还进行了试验以增强集运鱼系统的集鱼效果。在灯光诱鱼和氨基酸诱鱼剂的辅助措施基础上，引入了气泡幕拦导鱼装置，并辅以其他措施，如灯光诱鱼和药物诱鱼等，共同增加集运鱼系统的集鱼效果。这些措施是为了提高集运鱼系统在鱼类集结过程中的效率。气泡幕拦导鱼设计方案如下。

方案一：为了提高拦导鱼效率，方案设计将气泡幕系统和闪光灯系统相结合。闪光灯系统能够增强气泡幕的视觉遮蔽效果。根据国内外研究结果设定，闪光灯的参考参数为闪光频率 130 次/min 和闪光强度 140 lx。以下是气泡幕的实际布置参数。

（1）根据上述研究结果和试验推导，可以使用以下公式进行计算：$y=-0.000\,1x^4+0.020\,4x^3-1.391\,7x^2+39.054x-321.13$。该公式用于确定阻拦效率最佳时的出气面积（每单位长度为 1 m），其值约为 65.38 mm^2。在推荐的孔径和孔距组合下，建议使用孔径为 1.5 mm，孔距为 2.0 cm 的配置。

（2）根据试验结果，在流速为 0.2 m/s 的条件下，气泡幕的阻拦效率没有下降。考虑到集运鱼船的实际情况，设计的流速为 0.4～0.76 m/s。为了应对外界流速，可以将气泡幕布置在流速较小的区域，并根据实际情况增加气量，以增强对外界流速的抵抗能力。这样可以确保气泡幕在集运鱼系统中的有效性。

（3）根据试验结果和实际工况观察，当气量过高时，目标鱼类容易穿过气泡幕；而气量过低时，目标鱼类同样容易穿过气泡幕。基于这些观察结果，推荐使用较大的气量，约为 120 L/min。这样的气量设置可以在一定程度上增强气泡幕的阻拦效果，提高拦导目标鱼类的效率。在实际应用中应结合具体情况进行调整和优化。

（4）根据试验结果，气管垂直布置相比倾斜布置在拦导目标鱼方面稍微更有效。然而，在考虑实际情况下，由于水流速度较大，为减弱水流对气泡幕的影响，试验中设计了气泡幕的布置角度与河道夹角为 45°。实践证明，当气泡幕与水流之间的夹角较小时，目标鱼靠近气泡幕所需的转身角度较小。具体的布置方式如图 7.14 所示。

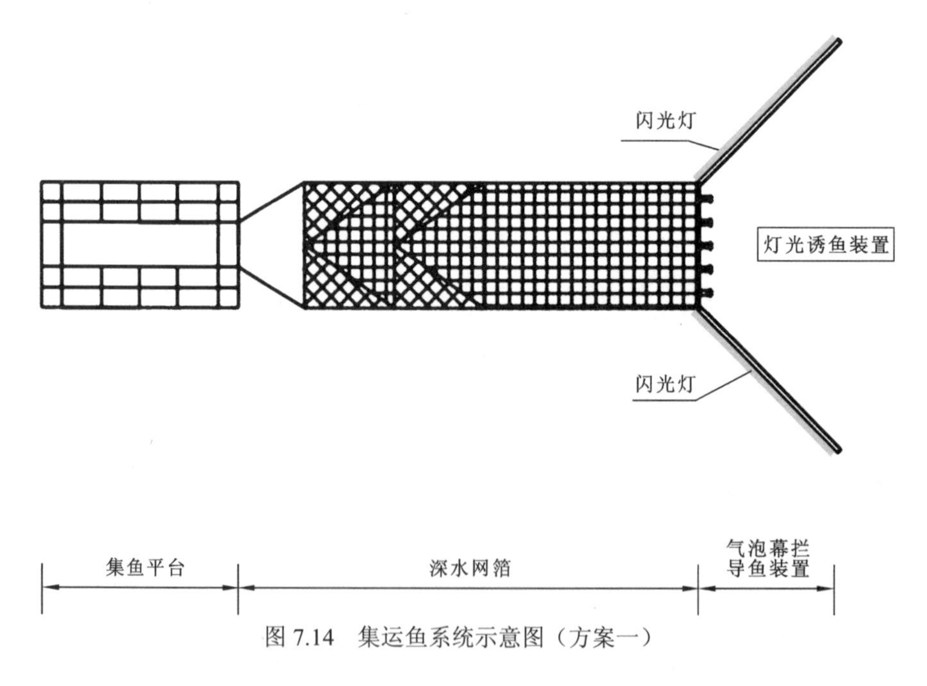

图 7.14　集运鱼系统示意图（方案一）

（5）方案优缺点。①方案优点：根据野外实际条件设计气泡幕的布置角度，使其与水流形成一定夹角，从而有效减轻水流对气泡幕的影响。此外，引入闪光灯系统能够显著提升气泡幕在水体中的可见度，进一步增强其视觉遮蔽效果。②方案缺点：随着气泡幕摆放角度的增大，拦导覆盖的区域也会扩大，目标鱼进入集运鱼船的概率降低。此外，引入闪光灯系统和增加摆放角度都会增加诱趋鱼系统的成本，并增加后期维护的难度。

方案二：经试验设计，方案采用独立气泡幕系统，并将气泡幕布置方式调整为与水流方向保持平行。这种方案可以在一定程度上减少运行和维护成本，但对河道内的水流条件要求严格。下面是对气泡幕布置参数的修改。

（1）可使用以下公式进行计算：$y=-0.000\,1x^4+0.020\,4x^3-1.391\,7x^2+39.054x-321.13$。该公式用于推导出单位长度为 1 m 时，阻拦效率最佳的出气面积约为 65.38 mm^2。推荐使用的孔径和孔距组合为 1.5 mm×2.0 cm，具体布置方式可参考图 7.15。

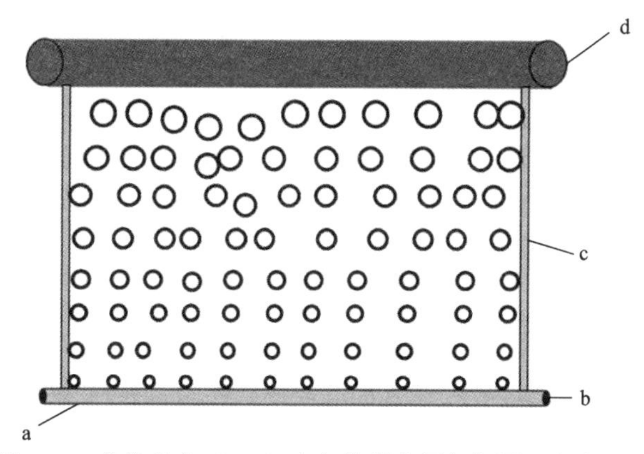

图 7.15　单位长度（1 m）上气泡幕布置细部图（方案二）

a.气泡幕管（不锈钢）；b.转接头；c.连接杆（不锈钢）；d.漂浮物（木质）

（2）根据试验结果和实际工况观察，当气量过高时，目标鱼类容易穿过气泡幕；而气量过低时，目标鱼类同样容易穿过气泡幕。基于这些观察结果，推荐使用气量为 60 L/min。这样的气量设置可以在一定程度上平衡气泡幕的阻拦效果，提高拦导目标鱼类的效率和成功率。

（3）根据上述工程案例，在野外流速较大且流态较复杂的情况下，气泡幕与水流成一定夹角，同时加入闪光灯和扬声器等辅助设备，可以在一定程度上提高气泡幕对鱼类的拦导效率。然而，室内试验结果显示，气泡幕的摆放角度并不影响其阻拦效率。鉴于此，方案选择将气泡幕摆放位置与水流平行。具体的布置方式如图 7.16 所示。

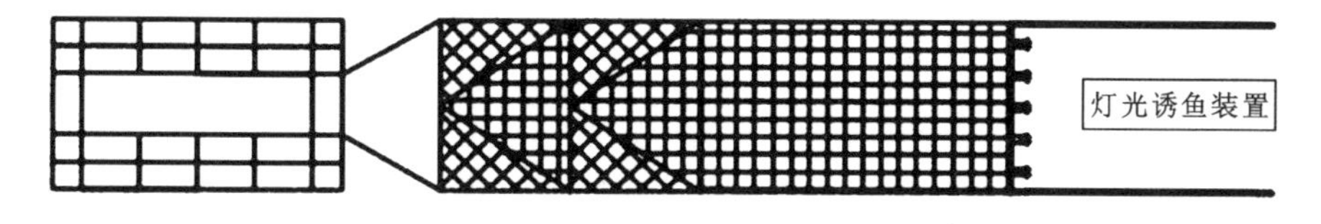

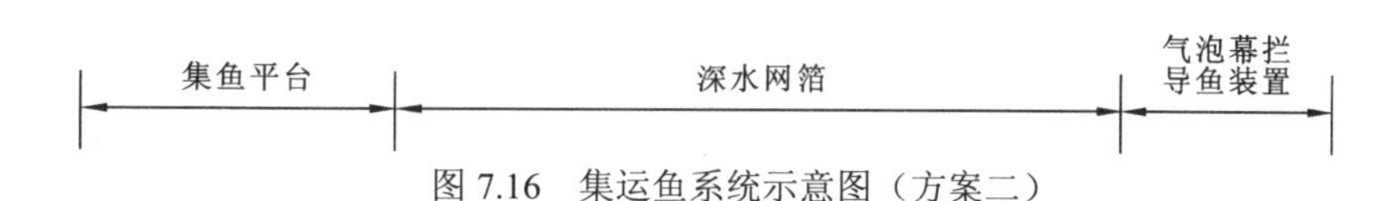

图 7.16　集运鱼系统示意图（方案二）

（4）方案优缺点。①方案优点：单独使用气泡幕系统作为拦导鱼设施，增加了工程的可操作性。当两根气管平行布置时，可减小气泡幕拦导鱼的区域，从而增加目标鱼进入集运鱼装置的概率。试验设计采用较低气量，可降低空压机的功耗。方案后期维护便捷，并且设计成本相较方案一更低。②方案缺点：试验设计中采用较低气量，并将气泡幕管与水流方向平行布置。方案对河道流速要求较高，当流速较大时，气泡幕的拦鱼效率会大幅度降低。在水体浊度较高的情况下，气泡幕的视觉遮蔽效果受到影响，难以发挥作用。适合在流速较低、流况较好且水体清澈的环境下使用。统一采用静音空压机（1 500 W，50 L）作为气泡幕管的输入高压气体设备。气泡幕管采用不锈钢材质，并在底部绑上铁链以稳定气泡幕管的位置。在气泡幕上方放置漂浮物（木质）以浮在水面，并用连接杆（使用不锈钢材质）固定漂浮物与气泡幕管之间的连接。气泡幕管长度设置为 1 m，每段气泡幕管之间用转接头连接。

综上所述，方案一适用于复杂的野外环境，包括流速较大、流态较复杂且水体浊度较高的情况；而方案二适用于水流流速较小或接近静水状态，且水体浊度较低的环境。考虑到工期内马堵山水流条件，马堵山坝下河段水流湍急且水体浊度较高，因此更建议采用方案一；而马堵山库区水质清澈且流速较小，接近静水状态，因此更适合采用方案二。实际方案设计应基于这一原则，并根据现场环境条件进行进一步优化，以确保方案的有效实施。

4. 不同流速下气泡幕对光倒刺鲃趋避行为的影响

1）试验材料

试验使用贵州北盘江鱼类增殖放流站提供的光倒刺鲃，平均体长为（20.36±1.71）cm，平均体重为（124.60±33.28）g。暂养在三峡大学生态水力试验室，水槽规格为长 4.0 m，宽 4.0 m，高 1.2 m。暂养 7 天，待生活状况稳定后进行试验。试验水为曝气 72 h 以上的自来水，暂养期间持续曝气，每天换水 1/4 左右。水温维持在（20.2±0.5）℃，自然光照。共获得试验鱼样本 200 尾，每次试验随机选取 5 尾大小均等健康的试验鱼。试验后放入直径 2.0 m，高 0.5 m，水深 0.3 m 的圆形水槽暂养。同一试验鱼不重复试验，以确保结果可靠。

2）试验装置

试验水槽为自行设计制作的鱼类游泳水槽（图 7.17），位于全封闭室内，便于控制光照和水温（20.2±0.5）℃。水槽上方装有日光灯用于照明。试验装置工作原理是通过调节电机 g 的旋转速度，改变螺旋桨 f 的旋转频率，并借助两个整流筛 e 使游泳槽截面各处水流速度近似均匀。试验鱼游泳区的尺寸为长 5.0 m，宽 0.34 m，高 0.7 m。在上游设有一个整流筛 e，用于制造相对均匀的流场，并同时作为拦网将试验鱼阻挡在游泳区。在下游设置拦网 b，以避免试验鱼被冲走。另外，在距离整流筛 e 下游 1.5 m 处，铺设一根内径为 2 cm 的 PVC 管 i 和闪光灯带 j，底部 PVC 管的上侧钻有一排小孔，闪光灯带固定在水槽两侧和底部，由控制器控制闪光频率。气泡幕由 HG-750 旋涡式充气增氧机 h（最大风量为 72 m^3/h）产生的压缩空气，通过 PVC 管从水底 PVC 管 i 上的一排气孔喷出。在距离后拦网 b 上游 1.5 m 处设置挡板 c，b 和 c 之间形成试验鱼的适应区。试验采用视频监控，安置 4 个数字摄像仪（SL-6320 AK）在水槽侧面，用以观测记录试验鱼的游泳行为并通过视频统计试验数据。该试验装置的设计旨在提供一个能够控制流场和观测鱼类行为的环境，以便开展行为学试验。

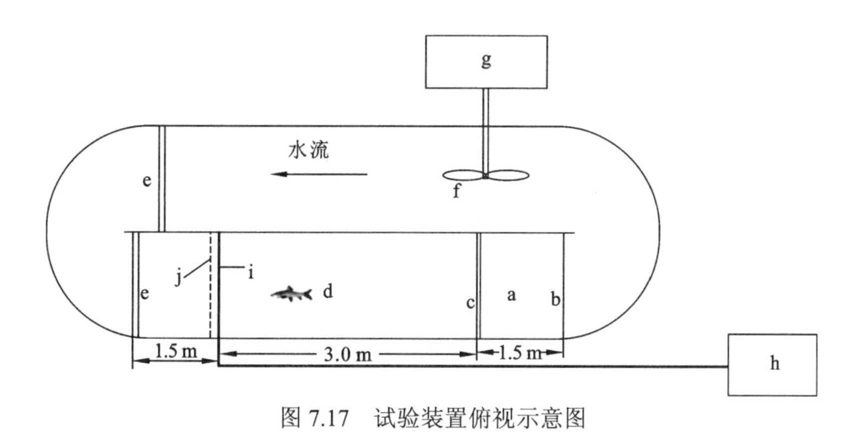

图 7.17　试验装置俯视示意图

a.适应区；b.拦网；c.挡板；d.试验鱼；e.整流筛；f.螺旋桨；g.电机；h.增氧机；i.PVC 管；j.闪光灯带

3）试验方法

试验前，要确保试验水槽的水温与暂养槽保持基本一致，维持在(20.2±0.5)℃。试验所用水经过曝气处理 72 h 后使用，在试验开始后停止曝气。试验水槽的水深为 40 cm。试验中设置了 4 种不同的水流速度 v，分别为 0 m/s、0.11 m/s、0.24 m/s 和 0.42 m/s。通过这些不同水流速度，研究人员可以观察和比较试验鱼在不同水流条件下的游泳行为和适应性表现。这样的设计有助于获得有关试验鱼游泳行为和适应性方面的有用数据。

在气泡幕试验中，针对静水条件（v=0 m/s），根据产生不同气泡幕所需的孔径和孔距，设置了 9 种不同的气泡幕密度（见表 7.4）。试验结束后，选择对试验鱼阻拦效果最好的一种密度，用于其他 3 种水流速度下的试验。在静水试验中，打开增氧机后，从底部 PVC 管上的小孔冲出一排连续独立的不规则球形气泡，形成类似“气泡栅”的结构。随着气泡上升，外部压强逐渐减小，气泡体积膨胀，气泡之间相互连接和混合，形成所谓的“气泡墙”(图 7.18)。不同孔距所产生的气泡幕效果不同，孔距越大，气泡越稀疏，气泡墙越小，同时水面波动也较小。然而，在流水条件下，气泡幕与底部形成一定夹角，并且随着水流速度增大，夹角也会减小（图 7.19)。这样的试验设计使研究人员能够观察不同气泡幕密度和孔距对试验鱼行为的影响，并为后续试验提供重要的参考数据。

表 7.4　9 种气泡幕的密度

参数	试验分组编号								
	I	II	III	IV	V	VI	VII	VIII	IX
孔距/cm	1.0	1.0	1.0	2.5	2.5	2.5	4.0	4.0	4.0
孔径/mm	1.0	1.5	2.0	1.0	1.5	2.0	1.0	1.5	2.0

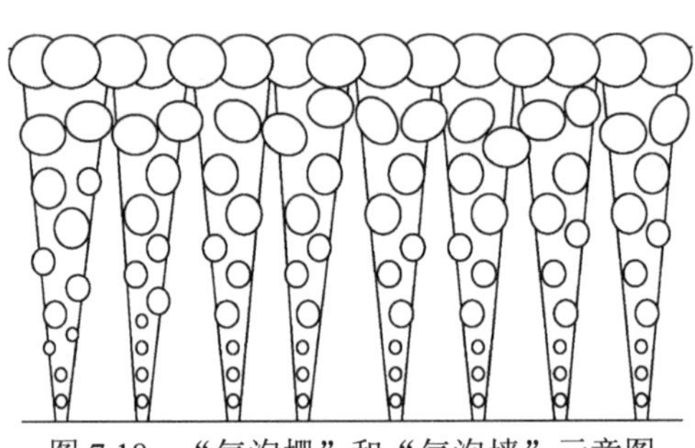

图 7.18　“气泡栅”和“气泡墙”示意图

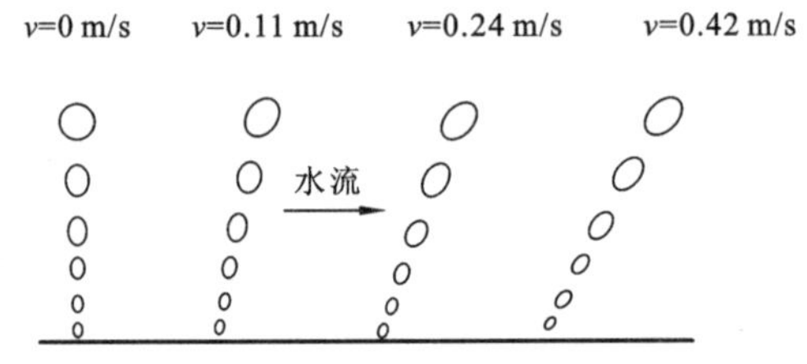

图 7.19　在不同流速下的气泡幕形态示意图

试验每次会随机选取 5 尾健康试验鱼放入适应区进行适应，持续 20 min。之后抽离挡板，然后在无气泡幕的情况下进行空白录像，时长为 1 h。等到 5 尾试验鱼全部游至 PVC 管的右侧后，开启气泡幕（气压为 14.7 kPa），继续录像 1 h。每组试验重复 3 次。

4）数据处理

在统计试验中，观察两种不同的试验鱼在空白 1 h 时内通过 PVC 管（闪光灯带）的次数，以及气泡（闪光）开启后 1 h 内试验通过气泡幕的次数。通过率（P_R）和阻拦率（O_R）被用来评估气泡幕（闪光）对试验鱼的阻拦或诱导效果。阻拦率越大，通过率越小，这表明气泡幕（闪光）对试验鱼的阻拦效果越显著。计算通过率和阻拦率的公式如下：

$$P_R = \frac{\text{NPA}}{\text{NPC}} \times 100\% \tag{7.7}$$

$$O_R = 100\% - P_R \tag{7.8}$$

式中：P_R 为通过率；O_R 为阻拦率；NPC 为无气泡（闪光）时 1 h 内试验鱼通过 PVC 管（或水池中线）的次数；NPA 为开启气泡幕后 1 h 内试验鱼通过气泡幕的次数。采用 SPSS 22.0 进行试验数据分析，并使用 OriginLab 8.1 制图。统计值以平均值±标准差（Mean±SD）的形式呈现。通过单因素方差分析法来分析差异性，当 P<0.05 时表示差异显著，当 P<0.01 时表示差异极显著。

5）结果与分析

气泡幕对光倒刺鲃游泳行为的影响随流速而异。在水流速度为 0 时，试验设计的 9 种密度气泡幕对光倒刺鲃的阻拦效果都较好，并且这些阻拦效果之间没有显著性差异（P>0.05）（见表 7.5）。每种阻拦率都已达到 90%以上，并且在密度为 I、II、III、V 和 IX 时，阻拦率已接近 100%。因此，在水流速度为 0 m/s、0.10 m/s、0.24 m/s 和 0.4 m/s 时，气泡幕拦鱼试验中都选择密度为 I 的情况。在产生水流后，试验鱼主要聚集在适应区顶流，在开启气泡幕前后，相对于静水条件下，试验鱼穿过 PVC 管的次数减少（见表 7.6）。与静水中的空白试验相比，产生水流后的空白试验中试验鱼在流水中穿过 PVC 管的次数也远远小于静水中。

表 7.5　静水下不同密度气泡幕对光倒刺鲃的阻拦率　（单位：%）

I	II	III	IV	V	VI	VII	VIII	IX
99.91±0.16	99.75±0.42	99.89±0.20	93.37±10.37	99.62±0.43	97.14+4.95	96.99±2.61	94.93±3.48	99.78±0.38

表 7.6　气泡幕开启前后试验鱼穿过 PVC 管次数

水流速度/（m/s）	开启气泡幕前通过 PVC 管上方的次数	开启气泡幕后通过 PVC 管上方的次数
0.11	16	1
0.24	9	1
0.42	10	8

参考文献

白艳勤, 陈求稳, 许勇, 等, 2013. 光驱诱技术在鱼类保护中的应用[J]. 水生态学杂志, 34(4): 85-88.

边永欢, 2015. 竖缝式鱼道若干水力学问题研究[D]. 北京: 中国水利水电科学研究院.

蔡亚能, 1978. 鱼类听觉的现场电生理研究[J]. 海洋科技资料, 1: 58-63.

曹刚, 2009. 三湾水利枢纽工程鱼道设计[J]. 中国水运(下半月), 9(4): 122-123.

曹娜, 钟治国, 曹晓红, 等, 2016. 我国鱼道建设现状及典型案例分析[J]. 水资源保护, 32(6): 7.

曹庆磊, 杨文俊, 周良景, 2010. 国内外过鱼设施研究综述[J]. 长江科学院院报, 27(5): 39-42.

常剑波, 1999. 长江国华鲟繁殖群体结构特征和数量变动趋势研究[J]. DOI: http: //ir. ihb. ac. cn/handle/342005/12532.

畅益锋, 2005. 水利工程与西藏水保生态建设[J]. 中国水利, 1(4): 47-48.

陈冬明, 2015. 电刺激对稀有鮈鲫性腺发育及繁殖的影响[D]. 重庆: 西南大学.

陈冬明, 刘小红, 黄自豪, 等, 2016. 幼鱼阶段电刺激对稀有鮈鲫性腺发育及繁殖的影响[J]. 淡水渔业, 46(2): 20-28.

陈国亮, 李爱英, 2013. 新疆某枢纽工程鱼道的设计[J]. 水生态学杂志, 2(4): 38-42.

陈海燕, 赵再兴, 李郴娟, 2019. 一种鱼道进口诱鱼结构装置的试验研究[J]. 水生态学杂志, 40(6): 61-66.

陈凯麒, 常仲农, 曹晓红, 等, 2012. 我国鱼道的建设现状与展望[J]. 水利学报, 43(2): 182-188, 197.

陈帅, 黄洪亮, 张国胜, 等, 2013. 音响驯化对鱼类有效作用范围的研究[J]. 渔业现代化, 1: 36-39.

陈永进, 徐东坡, 施炜纲, 2015. 水生动物对环境因子行为偏好研究进展[J]. 中国农学通报, 31(20): 18-24.

陈勇, 张沛东, 张硕, 等, 2002. 不同密度固定气泡幕对红鳍东方鲀的阻拦效果[J]. 大连水产学院学报, 17: 234-239.

陈振武, 2021. 典型鱼类游泳特性试验研究[D]. 郑州: 华北水利水电大学.

崔秀华, 胡国兵, 崔金魁, 2012. 鱼声信号检测系统的设计与实现[J]. 科学技术与工程, 12(25): 6416-6419.

崔雪亮, 张伟星, 2013. 新型 LED 集鱼灯节能效果实船验证及推广[J]. 浙江海洋学院学报(自然科学版), 32(2): 169-172.

董艳风, 2007. 浅谈脉冲电流在电栅拦鱼工程中的应用[J]. 中国农村小康科技(6): 83.

董志勇, 余俊鹏, 黄洲, 2021. 溢流堰与竖缝组合式鱼道紊流结构试验研究. 水科学进展, 32(2): 279-285.

杜浩, 班璇, 张辉, 等, 2010. 天然河道中鱼类对水深流速选择特性的初步观测[J]. 长江科学院院报,

27(10): 68-75.

杜浩, 危起伟, 张辉, 等, 2015. 三峡蓄水以来葛洲坝下中华鲟产卵场河床质特征变化[J]. 生态学报, 35(9): 3124-3131.

范纹彤, 刘雁, 王谦, 等, 2019. 气泡幕对异齿裂腹鱼的阻拦效果[J]. 生态学杂志, 38(5): 1433-1437.

樊宇奇, 2022. 基于水动力学机制的长江上游典型鱼类游泳速度研究[D]. 重庆: 重庆交通大学.

范中亚, 葛建忠, 丁平兴, 等, 2012. 长江口深水航道工程对北槽盐度分布的影响[J]. 华东师范大学学报: 自然科学版(4): 181-189.

方真珠, 潘文斌, 赵扬, 2012. 生态型鱼道设计的原理和方法综述[J]. 能源与环境, 2(4): 3-14.

冯春雷, 李志国, 黄洪亮, 等, 2009. 鱼类行为研究在捕捞中的应用[J]. 大连水产学院学报, 24(2): 166-170.

公培顺, 李艳双, 2011. 老龙口水利枢纽工程鱼类保护工程[J]. 吉林水利, 2(10): 4-10.

龚丽, 吴一红, 白音包力皋, 等, 2015. 草鱼幼鱼游泳能力及游泳行为试验研究[J]. 中国水利水电科学研究院学报, 13(3): 211-216.

龚丽, 吴一红, 白音包力皋, 等, 2016. 鱼道进口水流对草鱼幼鱼上溯行为的影响研究[J]. 水利水电技术, 47(11): 89-93, 106.

何大仁, 蔡厚才, 1998. 鱼类行为学[M]. 厦门: 厦门大学出版社.

胡鹤永, 1988. 鱼类集群行为及其优越性[J]. 海洋渔业, 10(3): 140-141.

胡文革, 刘新成, 2001. 乌鳢鱼苗集群行为的观察及生态适应分析[J]. 石河子大学学报: 自然科学版, 5(1): 46-48.

黄国强, 李洁, 柳意樊, 2013. 不同溶氧水平对褐牙鲆幼鱼呼吸行为和血液指标的影响[J]. 广西科学, 20(1): 52-56.

黄强, 刘东, 魏晓婷, 等, 2021. 中国筑坝数量世界之最原因分析[J]. 水力发电学报, 40(9): 35-45.

黄晓荣, 庄平, 2002. 鱼类行为学研究现状及其在实践中的应用[J]. 淡水渔业(6): 35-37.

贾中云, 李秀梅, 董文, 2012. "数字信号处理"中采样定理的教学探索[J]. 中国电力教育, 29: 52-53.

金志军, 陈小龙, 王从锋, 等, 2017. 应用于鱼道设计的马口鱼游泳能力[J]. 生态学杂志, 36(9): 2678-2684.

金志军, 马卫忠, 张袁宁, 等, 2018. 异齿裂腹鱼通过鱼道内流速障碍能力及行为[J]. 水利学报, 49(4): 512-522.

金志军, 单承康, 崔磊, 等, 2019. 过鱼设施进口及吸引流设计[J]. 水资源保护, 35(6): 145-154.

柯森繁, 陈渴鑫, 罗佳, 等, 2017. 鲢顶流游泳速度与摆尾行为相关性分析[J]. 水产学报, 41(3): 401-406.

孔亚珍, 丁平兴, 贺松林, 2011. 长江口外及毗邻海域盐度的时空变化特征[J]. 海洋科学进展, 29(4): 427-435.

劳海军, 高伟, 2015. 西藏果多水电站金属结构设计综述[J]. 水利科济, 21(12): 94-95.

雷青松, 2021. 典型裂腹鱼和鳅类游泳能力测试研究及鱼道初步设计[D]. 宜昌: 三峡大学.

雷青松, 涂志英, 石迅雷, 等, 2020. 应用于鱼道设计的新疆木扎提河斑重唇鱼的游泳能力测试[J]. 水产学报, 44(10): 10.

李大鹏, 庄平, 严安生, 等, 2004. 光照、水流和养殖密度对史氏鲟稚鱼摄食、行为和生长的影响[J]. 水产学报, 28(1): 54-61.

李丹, 林小涛, 李想, 等, 2008. 水流对杂交鲟幼鱼游泳行为的影响[J]. 淡水渔业, 38(6): 46-51.

李海涛, 2011. 山口电站鱼类保护措施与过鱼方案研究初探[J]. 水利建设与管理, 31(10): 4-15.

李宏松, 苏健民, 黄英来, 等, 2006. 基于声音信号的特征提取方法的研究[J]. 信息技术, 1: 91-94.

李敏讷, 2019. 五种具有不同下行洄游需求鱼类在洄游障碍下的特征行为[D]. 宜昌: 三峡大学.

李小荣, 2012. 云南华鲮(*Bangana yunnanensis*)和鱇(鱼良)白鱼(*Anabarilius grahami*)幼鱼游泳行为、耗氧率对不同流速的响应[D]. 昆明: 云南大学.

李志敏, 陈明曦, 金志军, 等, 2018. 叶尔羌河厚唇裂腹鱼的游泳能力[J]. 生态学杂志, 37(6): 1897-1902.

梁君, 陈德慧, 王伟定, 等, 2014. 正弦波交替音对黑鲷音响驯化的实验研究[J]. 海洋学研究, 32(2): 8-17.

廖伯文, 安瑞冬, 李嘉, 等, 2018. 高坝过鱼设施集诱鱼进口水力学条件数值模拟与模型试验研究[J]. 工程科学与技术, 50(5): 87-93.

凌长明, 植仲培, 刘斌, 等, 2004. 周期性电击对罗非鱼鱼苗存活率的影响[J]. 湛江海洋大学学报(4): 67-68.

刘瀚文, 谭均军, 王永猛, 等, 2023. 玉曲河流域裂腹鱼类游泳能力及其在鱼道设计中的应用[J/OL]. 水生态学杂志(6): 1-11[2024-04-22]. http:// doi.org/10.15928/j.1674-3075.202208150326.

刘洪波, 2009. 鱼道建设现状, 问题与前景[J]. 水利科技与经济, 15(6): 477-479.

刘理东, 何大仁, 1988. 五种淡水鱼对固定气泡幕反应初探[J]. 厦门大学学报自然科学版, 27(2): 214-219.

刘庆营, 2008. 鳗鱼苗的洄游规律和捕捞[J]. 渔业致富指南(4): 46.

刘艳佳, 高雷, 郑永华, 等, 2020. 洞庭湖通江水道鱼类资源周年动态及其洄游特征研究[J]. 长江流域资源与环境, 29(2): 10.

刘勇, 程家骅, 陈学刚, 2006. 东海北部与黄海南部黄鲫群体洄游分布的初步研究[J]. 海洋水产研究, 27(3): 1-6.

刘志雄, 张迪岩, 杨文俊, 等, 2019. 光驱诱鱼技术和声驱诱鱼技术研究现状与应用前景[J]. 长江科学院院报, 36(5): 42-48, 61.

楼文高, 1991. 分压式拦鱼电栅电场计算机模拟[J]. 渔业机械仪器(5): 32-36.

楼文高, 1996. 拦鱼电栅设计中的几个电学问题[J]. 渔业机械仪器(4): 32-36.

楼文高, 钟为国, 1992. 分压式拦鱼电栅实用设计方程的初步研究[J]. 渔业机械仪器(5): 29-31.

罗会明, 郑微云, 1979. 鳗鲡幼鱼对颜色光的趋光反应[J]. 淡水渔业(8): 9-16.

罗佳, 白艳勤, 林晨宇, 等, 2015. 不同流速下气泡幕和闪光对光倒刺鲃趋避行为的影响[J]. 水生生物学报, 39(5): 1065-1068.

罗凯强, 康昭君, 夏威, 等, 2019. 鱼道进口不同补水形式对齐口裂腹鱼上溯行为的影响[J]. 生态学杂志, 38(4): 1182-1191.

罗清平, 袁重桂, 阮成旭, 等, 2007. 孔雀鱼幼苗在光场中的行为反应分析[J]. 福州大学学报(自然科学版), 35(4): 631-634.

钮新强, 童迪, 朱世洪, 2015. 过鱼式船闸布置研究初探[J]. 人民长江, 46(12): 1-3.

彭凌云, 陈海龙, 2013 西藏果多水电站导流洞封堵闸门门槽制造工艺设[J]. 中国新技术新产品, 260(22): 41-42.

平慧敏, 吴永汉, 刘琼, 1998. 鱼在脉冲电刺激后产生昏迷反应试验的观察和分析[J]. 云南大学学报(自然科学版)(S1): 27-28.

普罗塔索夫, 1984. 鱼类的行为: 鱼类定向机制及其在捕鱼业上的应用[M]. 何大仁, 俞文钊, 译. 北京: 科学出版社.

钱卫国, 陈新军, 钱雪龙, 等, 2011. 300W 型 LED 集鱼灯光学特性及其节能效果分析[J]. 海洋渔业, 33(1): 99-105.

钱卫国, 陈新军, 雷林, 2012. 300W 型绿光 LED 集鱼灯的光学特性[J]. 大连海洋大学学报, 27(5): 471-476.

乔云贵, 黄洪亮, 2012. 潮汐对鱼类游泳行为影响的研究进展[J]. 江苏农业科学, 40(3): 9-12.

申钧, 1983. 鱼类听觉器官的结构与功能[J]. 生理科学与进展, 14(1): 58-62.

石迅雷, 胡成, 达瓦, 等, 2021. 不同电学参数和流速下的拦鱼电栅对草鱼幼鱼的拦导效率[J]. 水产学报, 46(2): 310-321.

史斌, 王斌, 徐岗, 等, 2011. 浙江楠溪江拦河闸鱼道进口布置优化研究[J]. 人民长江, 42(1): 69-71, 89.

宋波澜, 2008. 水流因子对红鳍银鲫游泳行为, 生长和生理生态影响的研究[D]. 广州: 暨南大学.

孙双科, 张国强, 2012. 环境友好的近自然型鱼道[J]. 中国水利水电科学研究院学报, 10(1): 41-47.

孙小利, 赵云, 田忠禄, 2009. 国外水电站的洄游鱼类过坝设施最新发展[J]. 水利水电技术, 40(12): 4.

谭红林, 谭均军, 石小涛, 等, 2021. 鱼道进口诱鱼技术研究进展[J]. 生态学杂志, 40(4): 1198-1209.

谭细畅, 陶江平, 黄道明, 等, 2013. 长洲水利枢纽鱼道功能的初步研究[J]. 水生态学杂志, 34(4): 58-62.

汤荆燕, 高策, 陈旻, 等, 2013. 不同流态对鱼道进口诱鱼效果影响的实验研究[J]. 红水河, 32(1): 34-39, 44.

涂志英, 2015. 雅砻江流域典型鱼类游泳特性研究[D]. 武汉: 武汉大学.

涂志英, 袁喜, 韩京成, 等, 2011. 鱼类游泳能力研究进展[J]. 长江流域资源与环境, 2(S1): 7-14.

王博, 石小涛, 周琛琳, 等, 2013. 北盘江两种鱼感应流速[J]. 北华大学学报(自然科学版)(2): 223-226.

王岑, 王继保, 吴欢, 等, 2020. 不同位置和朝向的鱼道进口诱鱼效果[J]. 水产学报, 44(4): 681-689.

王从锋, 陈明明, 刘德富, 等, 2016. 基于葛洲坝 1 号船闸模型的水流诱鱼试验研究[J]. 长江流域资源与环境, 25(6): 7.

王久林, 王本贤, 李陆富, 1995. 脉冲电栅拦鱼在江宁县安基山水库的应用小结. 水产学杂志(2):

100-103.
王美垚, 李建林, 俞菊华, 2020. 环境因子对主要洄游性鱼类影响的研究进展[J]. 安徽农业科学, 48(1): 3.
王猛, 岳汉生, 史德亮, 等, 2014. 仿自然型鱼道进出口布置试验研究[J]. 长江科学院院报, 31(1): 6-18.
王明武, 贺雯, 刘毅铎, 等, 2019. 基于 CAN 总线的电子脉冲拦鱼装置节点设计[J]. 陕西理工大学学报(自然科学版), 35(4): 46-51.
王明云, 沈修俊, 任开元, 等, 2021. 摄食声对草鱼幼鱼的诱集作用[J]. 水生生物学报, 45(1): 8.
王萍, 桂福坤, 吴常文, 等, 2009. 光照对眼斑拟石首鱼行为和摄食的影响[J]. 南方水产, 5(5): 57-62.
王永猛, 李志敏, 涂志英, 等, 2020. 基于雅砻江两种裂腹鱼游泳能力的鱼道设计[J]. 应用生态学报, 31(8): 8.
王永新, 1989. 过鱼建筑物[J]. 水利天地(4): 9.
魏翀, 张宇, 张赛, 等, 2013. 网箱养殖大黄鱼合成声信号特性研究[J]. 声学学报, 38(3): 300-305.
吴震, 杨忠勇, 石小涛, 等, 2019. 异齿裂腹鱼上溯过程中的折返行为及其与水力条件的关系[J]. 生态学杂志, 38(11): 3382-3393.
谢春航, 安瑞冬, 李嘉, 等, 2017. 鱼道进口布置方式对集诱鱼水流水力学特性的影响研究[J]. 工程科学与技术, 49(S2): 25-32.
邢彬彬, 张国胜, 陈帅, 等, 2009. 声音对不同体长鲤的诱集效果[J]. 大连水产学院学报, 24(2): 120-124.
熊六凤, 陆伟, 2005. 翘嘴鳜人工繁殖及苗种培育技术小结[J]. 水利渔业, 25(6): 58-59.
熊易华, 2011. 长江上游江河水浊度特性分析[J]. 西南给排水, 33(3): 1-6.
徐革锋, 尹家胜, 韩英, 等, 2014. 温度对细鳞鲑幼鱼最大代谢率和代谢范围的影响[J]. 水生态学杂志, 35(3): 56-60.
徐贵江, 王淑春, 许向明, 1998. 西泉眼水库悬挂式拦鱼电栅设计与运行[J]. 水利科技与经济(4): 199-200.
徐是雄, 林晨宇, 罗佳, 等, 2018. 鲢幼鱼对不同气量气泡幕的趋避行为[J]. 水生态学杂志, 39(1): 69-75.
许家炜, 2019. 基于高原鱼类弱趋光性特征的过鱼设施光诱驱鱼技术研究[D]. 宜昌: 三峡大学.
许明昌, 徐皓, 2011. 养殖池底层鱼类电脉冲捕捞装置设计与试验[J]. 南方水产科学, 7(3): 62-67.
许品诚, 曹萃禾, 1989. 溶氧、水流与鱼类生长关系的探讨[J]. 淡水渔业, 7(5): 27-28.
许晓蓉, 刘德富, 汪红波, 等, 2012, 涵洞式鱼道设计现状与展望[J]. 长江科学院院报, 29(4): 6-16.
颜鹏东, 谭均军, 高柱, 等, 2018. 基于视频跟踪的竖缝式鱼道内鱼类运动行为分析[J]. 水生生物学报, 42(2): 250-254.
颜文斗, 2004. 鱼殇: 三峡的小鱼和大鱼[J]. 出版参考(32): 14-15.
杨红玉, 李雪凤, 刘晶晶, 2021. 国内外鱼道及其结构发展状况综述[J]. 红水河, 40(1): 5-8.
杨家朋, 唐荣, 田昌凤, 等, 2015. 养殖池塘电赶鱼装置的设计与研究[J]. 农业与技术, 35(20): 183-184.
叶超, 王讯, 黄福江, 2013. 掌异齿裂腹鱼游泳能力初探机[J]. 淡水渔业, 2 (9): 32-37.
衣萌萌, 于赫男, 林小涛, 等, 2012. 密度胁迫下凡纳滨对虾的行为与生理变化[J]. 暨南大学学报: 自然科学与医学版, 33(1): 81-86.
易雨君, 2008. 长江水沙环境变化对鱼类的影响及栖息地数值模拟[D]. 北京: 清华大学.
殷名称, 1995. 鱼类生态学[M]. 北京: 中国农业出版社.
尹入成, 林晨宇, 石小涛, 等, 2020. 静水与流水下气泡幕对异齿裂腹鱼的阻拦效应[J]. 水生生物学报, 44(3): 595-602.
张奔, 胡晓, 杨国党, 等, 2021. 基于压力场的草鱼幼鱼巡游动力学研究[J]. 水力发电学报, 40(6): 79-88.
张国胜, 顾晓晓, 邢彬彬, 等, 2012. 海洋环境噪声的分类及其对海洋动物的影响[J]. 大连海洋大学学报, 27(1): 89-94.
张辉, KYNARD B, JUNHO R, 等, 2013. 亚马孙流域玛代拉河 Santo Antnio 鱼道设计与建造的启示[J]. 水生态学杂志, 34(4): 95-100.
张宁, 2020. 草、鲢幼鱼在“光-水流”混合环境中的综合趋性特征研究及其应用初探[D]. 宜昌: 三峡大学.
张宁, 林晨宇, 许家炜, 等, 2019. 水流对草鱼幼鱼趋光行为的影响[J]. 水生生物学报, 43(6): 1253-1261.
张沛东, 张国胜, 张秀梅, 等, 2005. 鲤、草鱼在声音刺激下对八字门的行为反应研究[J]. 大连水产学院学报, 20 (3): 212-217.
张廷军, 杨振才, 孙儒泳, 1999. 水库小网箱养鲤效果及其与密度的关系[J]. 中国水产科学(1): 108-112.
赵方旭, 2016. 不同水力条件下鱼类个体行为轨迹特性研究[D]. 南宁: 广西大学.
赵希坤, 韩桢锷, 1980. 鱼类克服流速能力的试验[J]. 水产学报, 4(1): 31-37.
赵锡光, 何大仁, 刘理东, 1997. 不同孔距固定气泡幕对黑鲷的阻拦效果. 海洋与湖沼, 28(3): 285-293.
赵谊, 孙显春, 蔡大咏, 2011. 马马崖一级水电站过鱼措施研究[J]. 水电勘测设计, 3(3): 4-16.
郑国富, 1999. 诱鱼灯光场计算及其对光诱鱿鱼浮拖网作业的影响[J]. 应用海洋学学报, 18(2): 215-220.
郑金秀, 韩德举, 胡望斌, 等, 2010. 与鱼道设计相关的鱼类游泳行为研究[J]. 水生态学杂志, 31(5): 104-110.
郑铁刚, 孙双科, 柳海涛, 等, 2018. 基于生态学与水力学的水电站鱼道进口位置优化研究[J]. 水利水电技术, 49(2): 105-111.
钟为国, 1979a. 电渔法基本原理讲座: 第一讲鱼在电流作用下的反应[J]. 淡水渔业, 4(7): 22-26.
钟为国, 1979b. 电渔法基本原理讲座: 第二讲与电捕效率有关的自然因素[J]. 淡水渔业, 3(8): 24-27.
钟为国, 1979c. 电渔法基本原理讲座: 第三讲水中电场[J]. 淡水渔业, 3(9): 23-31.
钟为国, 1983. 溢洪道拦鱼电栅拦阻效率影响因素的探讨[J]. 水库渔业(4): 44-47.
仲召源, 石小涛, 谭均军, 等, 2021. 基于鱼类游泳能力的鱼道设计流速解析[J]. 水生态学杂志, 42(6): 8.
周世春, 2005. 美国哥伦比亚河流域下游鱼类保护工程[J]. 水力发电, 31(8): 4-12.
周应祺, 2011. 应用鱼类行为学[M]. 北京: 科学出版社.
周应祺, 王军, 钱卫国, 等, 2013. 鱼类集群行为的研究进展[J]. 上海海洋大学学报, 22(5): 734-743.
朱存良, 2007. 鱼类行为生态学研究进展[J]. 北京水产(1): 20-24.
朱德瑜, 2012. 某水电站拦鱼电栅设计[J]. 企业科技与发展, 9(12): 91-93, 96.

庄平, 贾小燕, 冯广朋, 等, 2012. 不同盐度条件下中华绒螯蟹亲蟹行为及血淋巴生理变化[J]. 生态学杂志, 31(8): 1997-2003.

邹淑珍, 吴志强, 胡茂林, 等, 2010. 峡江水利枢纽对赣江中游鱼类资源影响的预测分析[J]. 南昌大学学报: 理科版, 34(3): 5-12.

ACHARI R B, JOEL J J, GOPAKUMAR G, et al., 1998. Some observations on light fishing off Thiruvananthapuram coast[J]. Marine fisheries information service technical & extension, 152: 9-12.

ADAM B, SCHÜRMANN M, SCHWEVERS U, 2013. Zum umgang mit aquatischen organis men: Versuchstierkundliche grundlagen[M]. Wiesbaden: Springer.

AKIYAMA S, ARIMOTO T, INOUE M, 1991. Fish herding effect by air bubble curtain in small scale experimental tank[J]. Nippon suisan gakkaishi, 57(7): 1301-1306.

AKSNES D L, NEJSTGAARD J, SOEDBERG E, et al., 2004. Optical control of fish and zooplankton populations[J]. Limnlolgy and oceanography, 49(1): 233-238.

ANDERSON C S, 1995. Measuring and correcting for size selection in electrofishing mark-recapture experiments[J]. Transactions of the American fisheries society, 124(5): 663-676.

ANDERSSON A G, LINDBERG D E, LINDMARK E M, et al., 2012. A study of the location of the entrance of a fishway in a regulated river with CFD and ADCP[J]. Modeling and simulation in engineering, 2012(Pt.1): 1-12.

ARCHER S N, DJAMGOZ M B A, LOEW E R, et al., 1999. Adaptive mechanisms in the ecology of vision adaptation of visual pigments to the aquatic environment[J]. Onomázein revista de lingüística filología traducción, 4(9): 251-283.

ASHRAF S V S, 2021. Burst-and-coast swimming is not always energetically beneficial in fish (*Hemigrammus bleheri*)[J]. Bioinspiration & biomimetics, 16(1): 1-14.

BAEK K O, KU Y H, KIM Y D, 2015. Attraction efficiency in natural-like fishways according to weir operation and bed change in Nakdong River, Korea[J]. Ecological engineering, 84(3): 569-578.

BAJER P, CLAUS A, WEIN J, et al., 2018. Field test of a low-voltage, portable electric barrier to guide invasive common carp into a mock trap during seasonal migrations[J]. Management of biological invasions, 9(3): 291-297.

BAKER S, 1928. Fish screens in irrigating ditches[J]. Transactions of the American fisheries society, 58(1): 80-82.

BANAN A, KALBASSI M R, BAHMANI M, et al., 2011. Effects of colored light and tank color on growth indices and some physiological parameters of juvenile beluga[J]. Journal of applied lchthyology, 27(3): 565-570.

BARY B M K, 1956. The effect of electric fields on marine fishes[M]. London: HM Stationery Office.

BATTY R S, BLAXTER J H S, 1992. The effect of temperature on the burst swimming performance of fish larvae[J]. Journal of exprimental biology, 170(1): 187-201.

BAUER C, SCHLOTT G, 2004. Overwintering of farmed common carp (*Cyprinus carpio* L.) in the ponds of central European aquaculture facility–measurement of activity by radio telemetry[J]. Aquaculture, 241(1/4): 301-317.

BEACH M H, 1984. Fish pass design - criteria for the design and approval of fish passes and other structures to facilitate the passage of migratory fish in rivers[J]. Reports, 4(2): 12-23.

BEAUMONT W R C, 2016. Electricity in fish research and management: theory and practice[M]. 2nd ed. New Jersey: Wiley-Blackwell.

BERG L, NORTHCOTET G, 1985. Changes in territorial, gill- flaring, and feeding behavior in juvenile coho salmon (*Oncorhynchus kisutch*) following short- term pulses of suspended sediment[J]. Canadian journal of fisheries and aquatic sciences, 42(8): 1410-1417.

BERNOTH E M, 1990. Schädigung von fischen durch turbinenanlagen[J]. Dt tierärztl wochschr, 97(4): 161-164.

BLAKE R W, LAW T C, CHAN K, et al., 2005. Comparison of the prolonged swimming performances of closely related, morphologically distinct three-spined sticklebacks (*Gasterosteus spp.*) [J]. Journal of fish biology, 67(3): 834-848.

BOWMAKER J K, DOUGLAS R H, DJAMGOZ M B, 1990. The visual system of fish[J]. Visual system of fish, 4(3): 81-107.

BUCKING C, WOOD C M, GROSELL M, 2012. Diet influences salinity preference of an estuarine fish, the killifish fundulus heteroclitus [J]. Journal of experimental biology, 215(11): 1965-1974.

BUNT C M, 2001. Fishway entrance modifications enhance fish attraction[J]. Fisheries management and ecology, 8(6): 95-105.

CADA G F, GARRISON L A, JR R K F, 2007. Determining the effect of shear stress on fish mortality during turbine passage[J]. Hydro review, XXVI(7): 52-56.

CAI L, ZHANG P, JOHNSON D, et al., 2019. Effects of prolonged and burst swimming on subsequent burst swimming performance of *Gymnocypris* potanini firmispinatus (*Actinopterygii*, *Cyprinidae*)[J]. Hydrobiologia, 843(1): 201-209.

CHANDLER J A, CHAPMAN D W, 2001. Feasibility of reintroduction of anadromous fish above or within the Hells Canyon complex[J]. Appendix E, 3(1): 1-2.

CHEN M, AN R D, LI J, et al., 2019. Identifying operation scenarios to optimize attraction flow near fishway entrances for endemic fishes on the Tibetan Plateau of China to match their swimming characterristics: A case study[J]. Science of the total environment, 693(2): 1-11.

CHEONG T S, KAVVAS M L, ANDERSON E K, 2006. Evaluation of adult white sturgeon swimming capabilities and applications to fishway design[J]. Environmental biology and ecology, 441: 113-116.

CHMIELEWSKI A, CUINAT R, DEMBI′NSKI W, et al., 1973. Fatigue and mortality effects in electrical fishing[J]. Polskie archwm hydrobiol, 20(1): 341-348.

COLAVECCHIA M, KATOPODIS C, GOOSNEY R, 1998. Measurement of burst swimming performance in wild Atlantic salmon (*Salmo salar* L.) using digital telemetry[J]. Regulated rivers: research & management, 14(1): 41-51.

COOKE S J, COWX I G, 2004. The role of recreational fishing in global fish crises[J]. Bioscience, 54(9): 857-859.

DAVIS J J, RYAN J R, ENGEL F L, et al., 2016. Entrainment, retention, and transport of freely swimming fish in junction gaps between commercial barges operating on the Illinois waterway[J]. Journal of Great Lakes research, 42(4): 837-848.

DAVIS J J, LEROYJZ, SHANKS M R, et al., 2017. Effects of tow transit on the efficacy of the Chicago Sanitary and Ship Canal electric dispersal barrier system[J]. Journal of Great Lakes research, 43(6): 1119-1131.

DAWSON H A, 2014. A model evaluation of the effectiveness of incorporating pheromone-baited trapping techniques into an integrated pest management program of Great Lakes sea lamprey[J]. Biochemical journal, 52(1): 84-87.

DETTMERS J M, BOISVERT B A, BARKLEY T, et al., 2005. Potential impact of steel-hulled barges on movement of fish across an electric barrier to prevent the entry of invasive carp into Lake Michigan: Final report [R]. Urbana: Illinois State natural history survey, Center for aquatic ecology.

DUNCAN M S, ISELY J J, COOKE D W, 2004. Evaluation of shortnose sturgeon spawning in the Pinopolis Dam tailrace, South Carolina[J]. North American journal of fisheries management, 24(3): 932-938.

DUNNING D J, ROSS Q E, GEOGHEGAN P, et al., 1992. Alewives avoid high-frequency sound[J]. North American journal of fisheries management, 12(3): 407-416.

EAD S A, RAJARATNAM N, KATOPODIS C, 2002. Generalized study of hydraulics of culvert fishways[J]. Journal of hydraulic engineering, 128(11): 1018-1022.

EGG L, PANDER J, MUELLER M, et al., 2019. Effectiveness of the electric fish fence as a behavioural barrier at a pumping station[J]. Marine and freshwater research, 70(10): 1459-1464.

ERKKILA L F, SMITH B R, MCLAIN A L, 1956. Sea lamprey control on the Great Lakes 1953 and 1954[J]. Special scientific report fisheries, 12(3): 111-114.

FARRELL A P, 2010. Comparisons of swimming performance in rainbow trout using constant acceleration and critical swimming speed tests[J]. Journal of fish biology, 72(3): 693-710.

FAY R R, POPPER A N, 1980. Structure and function in teleost auditory system[M]//POPPER A N, FAY R R. Comparative studiesof hearing in vertebrates. New York: Springer-Verlag: 1-42.

FRID C, HAMMER C, LAW R, et al., 2003. Environmental status of the European seas[M]. Amsterdam:

Kluwer Law International.

GARCIA A, JORDE K, HABIT E, et al., 2011. Downstream environmental effects of dam operations: Changes in habitat quality for native fish species[J]. River research and applications, 27(3): 312-327.

GARCIA F, ROMERA M D, GOZI S K, et al., 2013. Stocking density of Nile tilapia in cages placed in a hydroelectric reservoir[J]. Aquaculture, 410(1): 51-56.

GIBSON A J F, MYERS R A, 2002. Effectiveness of a high-frequency-sound fish diversion system at the Annapolis tidal hydroelectric generating station, Nova Scotia[J]. North American journal of fisheries management, 22(7): 770-784.

GÖTZ T, JANIK V M, 2015. Target-specific acoustic predator deterrence in the marine environment[J]. Animal conservation, 18(1): 102-111.

GREEN T M, LINDMARK E M, LUNDSTRÖM T S, et al., 2011. Flow characterization of an attraction channel as entrance to fishways[J]. River research & applications, 27(10): 1290-1297.

GROSS, WOLFGANG, 2011. Concept of fish protection and downstream migration at typical small hydropower plants abstract: Konzept des Fischschutzes und des Fischabstiegs an typischen Kleinwasser-kraftanlagen[J]. Wasserwirtschaft, 101(7/8): 57-60.

GUSTAFSSON S, ÖSTERLING M, SKURDAL J, et al., 2013. Macroinvertebrate colonization of a nature-like fishway: The effects of adding habitat heterogeneity[J]. Ecological engineering, 61(19): 345-353.

HALL T J, 1986. Electrofishing catch per hour as an indicator of largemouth bass density in Ohio impoundments[J]. North American journal of fisheries management, 6(3): 397-400.

HALSBAND E, 1967. Basic principles of electric fishing [M]//Fishing with electricity: Its application to biology and management. London: Fishing News Books: 57-64.

HASTINGS M C, POPPER A N, FINNERAN J J, et al., 1996. Effects of lowfrequency underwater sound on hair cells of the inner ear and lateral line of the teleost fish *Astronotus ocellatus*[J]. The journal of the acoustical society of America, 99(3): 1759-1766.

HAWKINS, A D, 1986. Underwater sound and fish behavior [M]//PITCHER T J. The behaviour of teleost fishes. Boston: Springer.

HENLEY W F, PATTERSON M A, NEVES R J, et al., 2000. Effects of sedimentation and turbidity on lotic food webs: a concise review for natural resource managers[J]. Reviews in fisheries science, 8(2): 125-139.

HIROMU F, SHINSUKE T, YOSHIFUMI S, et al., 2010. Developmental changes in behavioral and retinomotor responses of Pacific bluefin tuna on exposure to sudden changes in illumination[J]. Aquaculture, 305(1): 73-78.

JEFFREY A, ALFARO M E, NOBLE M M, et al., 2013. Body fineness ratio as a predictor of maximum prolonged-swimming speed in coral reef fishes[J]. PLoS ONE, 8(10): e75422.

JIAN Y X, XIANG W M, LIU Y, et al., 2005. Behavioral response of tilapia (*Oreochromis niloticus*) to acute ammonia stress monitored by computer vision[J]. Journal of Zhejiang University science, 6(8): 812-816.

JOHNSON N S, MIEHLS S, 2014. Guiding out-migrating juvenile sea lamprey (*Petromyzon marinus*) with pulsed direct current[J]. River research and applications, 30(9): 1146-1156.

JOHNSON N S, THOMPSON H T, HOLBROOK C, et al., 2014. Blocking and guiding adult sea lamprey with pulsed direct current from vertical electrodes[J]. Fisheries research, 150(3): 38-48.

JOHNSON N S, MIEHLS S, OCONNOR L M, et al., 2016. A portable trap with electric lead catches up to 75% of an invasive fish species[J]. Scientific reports, 6(1): 28-30.

JOHNSON P N, BOUCHARD K, GOETZ F A, 2011. Effectiveness of strobe lights for reducing juvenile salmonid entrainment into a navigation lock[J]. North American journal of fisheries management, 25(2): 491-501.

JONES M J, BAUMGARTNER L J, ZAMPATTI B P, et al., 2017. Low light inhibits native fish movement through a vertical-slot fishway: Implications for engineering design[J]. Fisheries management and ecology, 24(3): 177-185.

JUELL J E, FOSSEIDENGEN J E, 2004. Use of artificial light to control swimming depth and fish density of Atlantic salmon (*Salmo salar*) in production cages[J]. Aquaculture, 233(1/4): 269-282.

JUNG S, HOUDE E D, 2003. Spatial and temporal variabilities of pelagic fish community structure and distribution in Chesapeake Bay, USA [J]. Estuarine coastal and shelf science, 58(2): 335-351.

JUSTUS B G, 1994. Observations on electrofishing techniques for three catfish species in Mississippi[C]// Proceedings of the Annual Conference Southeastern Association of Fish and Wildlife Agencies, 48: 524-532.

KARR J R, 1991. Biological integrity: a long-neglected aspect of water resource management[J]. Ecological applications, 1(1): 66-84.

KATHRYN B, KRISTIINA R, CHRISTIAN S, et al., 2018. Identifying participants with Parkinson'S disease in UK biobank[J]. Journal of neurology neurosurgery and psychiatry, 89(10): A13. 2-A13.

KATO S, TAMADA K, SHIMADA Y, et al., 1996. A quantification of goldfish behavior by an image processing system[J]. Behavioural brain research, 80(1/2): 51-55.

KATOPODIS C, 2005. Developing a toolkit for fish passage, ecological flow management and fish habitat works[J]. Journal of hydraulic research, 43(5): 451-467.

KAWAMOTO N Y, TAKEDA M, 1950. Studies on the phototaxis of fish: I. The influence of wave lengths of light on the behavior of young marine fishes[J]. Japanese journal of ichthyology, 1(2): 101-115.

KEMP P S, ANDERSON J J, VOWLES A S, 2012. Quantifying behaviour of migratory fish: Application of signal detection theory to fisheries engineering[J]. Ecological engineering, 41(4): 22-31.

KETO E, HORA J L, DEUTSCH L, et al., 1997. The infrared bright nuclei in the mid-infrared[J]. The astro physical journal, 485(2): 598.

KIEFFER J D, ARSENAULT L M, LITVAK M K, 2009. Behaviour and performance of juvenile shortnose sturgeon *Acipenser brevirostrum* at different water velocities[J]. Journal of fish biology, 74(3): 674-682.

KIM J, MANDRAK N E, 2019. Effects of a vertical electric barrier on the behaviour of rainbow trout[J]. Aquatic ecosystem health & management, 22(2): 183-192.

KLINECT D A, LOEFFELMAN P H, VAN HASSEL J H, 1992. A new-signal development process and sound system for diverting fish from water intakes [C]//Proceedings of the American power conference, 54(1): 427-432.

KOLZ A L, 1989. A power transfer theory for electrofishing[J]. Fish and wildlife service technical report, 22(3): 1-11.

KYNARD B, PARKER E, PARKER T, 2005. Behavior of early life intervals of Klamath River green sturgeon, *Acipenser medirostris*, with a note on body color[J]. Environmental biology of fishes, 72(1): 85-97.

КУЗНСЦОВ Ю А, 1969. Влияние возэущнця завес напаведевне рцбц[J]. Рцбиое хозяйство, 7(9): 53-55.

LARINIER M, 2008. Fish passage experience at small-scale hydro-electric power plants in France[J]. Hydrobiologia, 609(1): 97-108.

LARINIER M, TRAVADE F, 2002. Downstream migration: problems and facilities[J]. Bulletin français de la pêche et de la pisciculture, 1(364): 181-207.

LIN C Y, DAI H C, SHI X T, et al., 2019. An experimental study on fish attraction using a fish barge model[J]. Fisheries research, 210(3): 181-188.

LINDBERG D E, LEONARDSSON K G, ANDERSSON A, et al., 2013. Methods for locating the properposition of a planned fishway entrance near a hydropower tailrace[J]. Limnologica, 43(5): 339-347.

LOEFFELMAN P H, KLINECT D A, VAN HASSEL J H, 1991. Fish protection at water intakes using a new signal development process and sound system[J]. Environmental biology of fishes, 5(3): 279-285.

LOVRICH G A, SAINTE- MARIE B, 1997. Cannibalism in the snow crab, *Chionoecetes opilio*(O. Fabricius) (Brachyura: Majidae), and its potential importance to recruitment[J]. Journal of experimental marine biology and ecology, 211(2): 225-245.

MAKRIS N C, RATILAL P, JAGANNATHAN S, et al., 2009. Critical population density triggers rapid formation of vast oceanic fish shoals[J]. Science, 323(5922): 1734-1737.

MANDER Ü, KUUSEMETS V, LÕHMUS K, et al., 1997. Efficiency and dimensioning of riparian buffer zones in agricultural catchments[J]. Ecological engineering, 8(4): 299-324.

MARCHESAN M, SPOTO M, VERGINELLA L, et al., 2005. Behavioural effects of artificial light on fish species of commercial interest[J]. Fisheries research, 73(1/2): 171-185.

MARZLUF W, 1985. Fische elektronisch verscheuchen[J]. Elektrische energie-technik, 39(4): 66-67.

MCGAW I J, REIBER C A, GUADAGNOLI J, 1999. Behavioral physiology of four crab species in low salinity[J]. Biology bulletin, 196(2): 163-176.

MCLAIN A L, 1957. The control of the upstream movement of fish with pulsated direct current[J]. Transactions of the American fisheries society, 86(1): 269-284.

MESQUITA F O, GODINHO H P, 2008. A preliminary study into the effectiveness of stroboscopic light as an aversive stimulus for fish[J]. Applied animal behaviour science, 111(3/4): 402-407.

MICHALEC F G, HOLZNER M, HWANG J S, et al., 2012. Three dimensional observation of salinity-induced changes in the swimming behavior of the estuarine calanoid copepod *Pseudodiaptomus annandalei*[J]. Journal of experimental marine biology and ecology, 438(7): 24-31.

MILES H A K, 1979. Diversity and adaptation in fish behaviour[M]. Berlin: Springer.

MORRISON R R, HOTCHKISS R H, STONE M, et al., 2009. Turbulence characteristics of flow in a spiral corrugated culvert fitted with baffles and implications for fish passage[J]. Ecological engineering, 35(3): 381-392.

MOSER M L, OCKER P A, STUEHRENBERG L C, et al., 2002. Passage efficiency of adult pacific lampreys at hydropower dams on the lower Columbia River, USA[J]. Transactions of the American fisheries society, 131(5): 956-965.

MOSTOFSKY D, 1978. The behavior of fish and other aquatic animals[M]. Pittsburgh : Academic Press.

MU X, CAO P, GONG L, et al., 2019. A classification method for fish swimming behaviors under incremental water velocity for fishway hydraulic design[J]. Water, 11(10): 2131.

MUELLER R P, SIMMONS M A, 2008. Characterization of gatewell orifice lighting at the Bonneville Dam second powerhouse and compendium of research on light guidance with juvenile salmonids[J]. Technical report, 4(2): 5-15.

MYBERG J R, GORDON C R, KLMLEY A P, 1976. Sound Reception in fish[M]. New York: Elsevier Scientific Publishing Company.

NAIMAN R J, TURNER M G, 2000. A future perspective on North America's freshwater ecosystems[J]. Ecological applications, 10(4): 958-970.

NERAAS L P, SPRUELL P, 2001. Fragmentation of riverine systems: the genetic effects of dams on bull trout (*Salvelinus confluentus*) in the Clark Fork River system[J]. Molecular ecology, 10(5): 1153-1164.

NESTLER J M, PLOSKEY G E, 1996. Sound way to save fish [J]. Civil engineering, 66(9): 58-61.

NOATCH M R, SUSKI C D, 2012. Non-physical barriers to deter fish movements[J]. Environmental reviews, 20(1): 71-82.

NUTILE S, AMBERG J J, GOFORTH R R, 2013. Evaluating the effects of electricity on fish embryos as a potential strategy for controlling invasive cyprinids[J]. Transactions of the American fisheries society, 142(1): 1-9.

OHATA R, MASUDA R, UENO M, et al., 2011. Effects of turbidity on survival of larval ayu and red sea bream exposed to predation by jack mackerel and moon jellyfish[J]. Fisheries science, 77(2): 207-215.

PARASIEWICZ P, WIŚNIEWOLSKI W, MOKWA M, et al., 2016. A low-voltage electric fish guid ance system-NEPTUN[J]. Fisheries research, 181(2): 25-33.

PARKER A D, GLOVER D C, FINNEY S T, et al., 2015. Direct observations of fish incapacitation rates at a large electrical fish barrier in the Chicago Sanitary and Ship Canal[J]. Journal of great lakes research, 41(2): 396-404.

PARTRIDGE B L, 1980. The sensory basis of fish schools: Relalive roles of lateral line and version [J]. Journal of comparative physiology, 135(6): 315-325.

PATRICK P H, CHRISTIE A E, SAGER D, et al., 1985. Responses of fish to a strobe light/air-bubble barrier[J]. Fisheries research, 3(2): 157-172.

PATRICK P H, POULTON J S, BROWN R, 2001. Responses of American eels to strobe light and sound (preliminary data) and introduction to sound conditioning as a potential fish passage technology[C]// Behavioral Technologies for Fish Guidance: American fisheries society symposium, 2001: 1.

PERRY R W, SKALSKI J R, BRANDES P L , et al., 2010. Estimating survival and migration route probabilities of juvenile chinook salmon in the Sacramento-San Joaquin River Delta[J]. North American journal of fisheries management, 30(1): 142-156.

POPPER A N, HASTINGS M C, 2009. The effects of human-generated sound on fish[J]. Integrative zoology, 4(1): 43-52.

PRINGLE C M, FREEMAN M C, FREEMAN B J, 2000. Regional Effects of Hydrologic Alterations on Riverine Macrobiota in the New World: Tropical-Temperate Comparisons: The massive scope of large dams and other hydrologic modifications in the temperate New World has resulted in distinct regional trends of biotic impoverishment. While neotropical rivers have fewer dams and limited data upon which to make regional generalizations, they are ecologically vulnerable to increasing hydropower development and biotic patterns are emerging[J]. BioScience, 50(9): 807-823.

PUGH J R, MONAN G E, SMITH J R, 1970. Effect of water velocity on the fish guiding efficiency of an electrical guiding system[J]. Fishery bulletin, 68(2): 307-324.

QUIROS R, 1989. Structures assisting the migrations of non-salmonid fish: Latin America [M]. Rome: Food and Agriculture of Organization of the United Nations.

REIDY P S, KER R S, 2000. Aerobic and anaerobic swimming performance of individual Atlantic cod. [J]. Journal of experimental biology, 203(2): 347-357.

ROBERTIS A, RYER C H, VELOZA A, et al., 2003. Differential effects of turbidity on prey consumption of piscivorous and planktivorous fish[J]. Canadian journal of fisheries and aquatic sciences, 60(12): 1517-1526.

RODELES A A, GALICIA D, MIRANDA R, 2020. Barriers to longitudinal river connectivity: review of impacts, study methods and management for Iberian fish conservation[J]. Limnetica, 39(2): 601-619.

ROSENBERG A E, 1971. Effect of glottal pulse shape on the quality of nature vowels [J]. The Journal of the acoustical society of America, 49(2B): 583-590.

RUGGLES C P, WATT W D, 1975. Ecological changes due to hydroelectric development on the Saint John River[J]. Journal of the fisheries research board of Canada, 32(1): 161-170.

SAMBILAY V C, 1990. Interrelationships between swimming speed, caudal fin aspect ratio and body length of fishes[J]. Fishbyte, 8(3): 16-20.

SAND O, ENGER P S, 1973. Evidence for an auditory function of swimbladder in the cod [J]. Journal of experimental biology, 59(2): 405-414.

SANTOS J M, BRANCO P, KATOPODIS C, et al., 2014. Retrofitting pool-and-weir fishways to improve passage performance of benthic fishes: Effect of boulder density and fishway discharge[J]. Ecological engineering, 73(1): 335-344.

SAVINO J F, JUDE D J, KOSTICH M J, 2001. Use of electrical barriers to deter movement of round goby[C]//Behavioral Technologies for Fish Guidance: American fisheries society symposium 26,26: 171-182.

SCHOLIK A R, YAN H Y, 2001. Effects of underwater noise on auditory sensitivity of a cyprinid fish[J]. Hearing research, 152(1/2): 17-24.

SCHOLTEN M, 2003. Efficiency of point abundance sampling by electro-fishing modified for short fishes[J]. Journal of applied ichthyology, 19(5): 265-277.

SCHURMANN H, CLAIREAUX G, CHARTOIS H, 1998. Change in vertical distribution of sea bass (*Dicentrarchus labrax* L.) during a hypoxic episode[J]. Hydrobiologia, 371-372(1): 207-213.

SCHWEVERS U, ADAM B, 2020. Fish protection technologies and fish ways for downstream migration[M]. Switzerland: Springer International Publishing.

SCOTT M L, 1996. Fluvial process and the establishment of bottomland trees[J]. Geomorphology, 14(4): 327-339.

SERRANO X, GROSELL M, SERAFY J E, 2010. Salinity selection and preference of the grey snapper Lutjanus griseus: field and laboratory observations[J]. Journal of fish biology, 76(7): 1592-1608.

SHEN S C, HUANG H J, HSIEH J C, et al., 2010. Self-adaptive heat spreader with a micromesh using LIGA-like technology for AUV LED headlight[J]. Applied ocean research, 32(2): 137-145.

SHEN S C, HUANG H J, CHAO C C, et al., 2013. Design and analysis of a high-intensity LED lighting module for underwater illumination[J]. Applied ocean research, 39(1): 89-96.

SILVA A T, SANTOS J M, FERREIRA M T, et al., 2011. Effects of water velocity and turbulence in the behaviour of Iberian barbel (*Luciobarbus bocagei*, Steindachner, 1864) in an experimental pool-type fishway[J]. River research and applications, 27(3): 360-373.

SLOTTE A, HANSEN K, DALEN J, et al., 2004. Acoustic mapping of pelagic fish distribution and abundance in relation to a seismic shooting area off the Norwegian west coast[J]. Fisheries research, 67(2): 143-150.

SMITH M E, KANE A S, POPPER A N, 2004. Noise-induced stress response and hearing loss in goldfish (*Carassius auratus*) [J]. Journal of experimental biology, 207(3): 427-435.

SPARKS R E, BARKLEY T L, CREQUE S M, et al., 2011. Evaluation of an electric fish dispersal barrier in the Chicago Sanitary and Ship Canal[C]// American fisheries society symposium, 74(5): 139-161.

SPRAGUE M W, 2000. The single sonic muscle twitch model for the sound-production mechanism in the weakfish, *Cynoscion regalis*[J]. The journal of the acoustical society of America, 108(5): 2430-2437.

STERNIN V G, NIKONOROV I V, BUMEISTER Y K, 1976. Electrical fishing: Theory and practice[J]. Recon technical report, 76(1): 480-490.

STEWART, MARK T, 1982. Evaluation of electromagnetic methods for rapid mapping of salt-water interfaces in coastal aquifers[J]. Groundwater, 20(5): 538-545.

TABOR R A, BROWN G S, LUITING V T, 2004. The effect of light intensity on sockeye salmon fry migratory behavior and predation by cottids in the Cedar River, Washington[J]. North American journal of fisheries management, 24(1): 128-145.

TAFT E P, WINCHESS F C, AMARAL S V, et al., 1995. Recent advances in sonic fish deterrence[C]// 1995 International Conference on Hydropower. New York: American Society of Civil Engineers: 1724-1733.

TALBOT G B, JACKSON R I, 1950. A biological study of the effectiveness of the Hell's Gate Fishways[M]. Canada: BC.

TAN J J, GAO Z, DAI H C, et al., 2019. Effects of turbulence and velocity on the movement behaviour of bighead carp (Hypophthalmichthys nobilis) in an experimental vertical slot fish way[J]. Ecological engineering, 127(4): 363-374.

TAN J J, CHEN L, TAN H L, et al., 2022. Identifying optimal position for a fish collection system for in Hong River, China[J]. Ecological engineering, 176: 106524.

TAYLOR G N, COLE L S, SIGLER W F, 1957. Galvanotaxic response of fish to pulsating direct current[J]. The journal of wildlife management, 21(2): 201-213.

THOMAZ A T, KNOWLES L L, 2020. Common barriers, but temporal dissonance: Genomic tests suggest ecological and paleo-landscape sieves structure a coastal riverine fish community[J]. Molecular ecology, 29(4): 783-796.

TRAVADE F, LARINIER M, 2002. Fish locks and fish lifts[J]. Knowledge & Management of Aquatic Ecosystems, 364(364 supplément): 102-118.

VOROSMARTY C J, SHARMA K P, FEKETE B M, et al., 1997. The storage and aging of continental runoff in large reservoir systems of the world[J]. Ambio, 26(4): 210-219.

WAGNER E J, ROSS D A, ROUTLEDGE D, et al., 1995. Performance and behavior of cutthroat trout (*Oncorhynchus clarki*) reared in covered raceways or demand fed[J]. Aquaculture, 136(1/2): 131-140.

WEBB P W, 1984. Form and function in fish swimming[J]. Scientific American, 251(1): 72-83.

WEINSTEIN M P, 1979. Shallow marsh habitats as primary nurseries for fishes and shellfish, Cape Fear River, North Carolina. [J]. Fishery bulletin, 77(2): 339-357.

WILLIAMS J G, 2008. Mitigating the effects of high-head dams on the Columbia River, USA: experience from the trenches[J]. Hydrobiologia, 609(1): 241-251.

WILSON M, MONTIE E W, MANN K A, et al., 2009. Ultrasound detection in the Gulf menhaden requires gas-filled bullae and an intact lateral line [J]. The journal of experimental biology, 212(21): 3422-3427.

WOOTTON J T, PARKER M S, POWER M E, 1996. Effects of disturbance on river food webs[J]. Science, 273(5281): 1558-1561.

WUENSCHEL M J, JUGOVICH A R, HARE J A, 2005. Metabolic response of juvenile gray snapper (*Lutjanus griseus*) to temperature and salinity: Physiological cost of different environments[J]. Journal of experimental marine biology and ecology, 321(2): 145-154.

WYSOCKI L E, DAVIDSON J W, SMITH M E, et al., 2007. Effect of aquaculture production on hearing, growth, and disease resistance of rainbow trout *Oncorhynchus mykiss*[J]. Aquaculture, 272(1/4): 687-697.

XU J, LIU Y, CUI S, et al., 2006. Behavioral responses of tilapia (*Oreochromis niloticus*) to acute fluctuations in dissolved oxygen levels as monitored by computer vision[J]. Aquacultural engineering, 35(3): 207-217.

ZIELINSKI D P, VOLLER V R, SVENDSEN J C, et al., 2014. Laboratory experiments demonstrate that bubble curtains can effectively inhibit movement of common carp[J]. Ecological engineering, 67(2): 95-103.